高校入試

理科を
ひとつひとつわかりやすく。

Gakken

😊 高校入試に向けて挑戦するみなさんへ

高校入試がはじめての入試だという人も多いでしょう。入試に向けての勉強は不安やプレッシャーがあるかもしれませんが、ひとつひとつ学習を進めていけば、きっと大丈夫。その努力は必ず実を結びます。

理科の学習は用語を覚えることも大切ですが、単なる暗記教科ではありません。この本では、文章をできるだけ短くして読みやすくし、大切な部分は見やすいイラストでまとめています。ぜひ、用語とイラストを一緒に見ながら、現象をイメージして読んでみてください。

また、この本には、実際に過去に出題された入試問題を多数掲載しています。入試過去問を解くことで、理解を深めるだけでなく、自分の実力を確認し、弱点を補強することができます。

みなさんがこの本で理科の知識や考え方を身につけ、希望の高校に合格できることを心から応援しています。一緒にがんばりましょう!

😊 この本の使い方

1回15分、読む→解く→わかる!

1回分の学習は2ページです。毎日少しずつ学習を進めましょう。

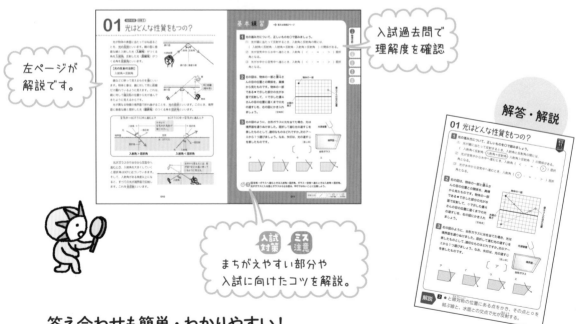

左ページが解説です。

入試過去問で理解度を確認

解答・解説

入試対策 ミス注意

まちがえやすい部分や入試に向けたコツを解説。

答え合わせも簡単・わかりやすい!

解答は本体に軽くのりづけしてあるので、引っぱって取り外してください。
問題とセットで答えが印刷してあるので、簡単に答え合わせできます。

実戦テスト・模擬試験で、本番対策もバッチリ!

各分野のあとには、入試過去問からよく出るものを厳選した「実戦テスト」が、
巻末には、2回分の「模擬試験」があります。

ニガテなところは、くり返し取り組もう

1回分が終わったら、理解度を記録しよう！

1回分の学習が終わったら、学習日と理解度を記録しましょう。

| 学習した日 | ／ | ☐ 😐 もう一度 | ☐ 😊 バッチリ！ |

> 学習が終わったら どちらかにチェック！

「もう一度」のページは「バッチリ！」と思えるまで、くり返し取り組みましょう。ひとつひとつニガテをなくしていくことが、合格への近道です。

 ## スマホで4択問題ができる Web アプリつき

重要用語がゲーム感覚で覚えられる！

無料のWebアプリで4択問題を解いて、学習内容を確認できます。

スマートフォンなどでLINEアプリを開き、「学研 小中Study」を友だち追加していただくことで、クイズ形式で重要用語が復習できるWebアプリをご利用いただけます。

> スキマ時間に 手軽に学習！

↓LINE友だち追加はこちらから↓

※クイズのご利用は無料ですが、通信料はお客様のご負担になります。
※サービスの提供は予告なく終了することがあります。

高校入試問題の掲載について
・問題の出題意図を損なわない範囲で、問題や写真の一部を変更・省略、また、解答形式を変更したところがあります。
・問題指示文、表記、記号などは、全体の統一のために変更したところがあります。
・解答・解説は、各都道府県発表の解答例をもとに、編集部が作成したものです。

もくじ　高校入試 理科 ‥‥‥‥‥

3 章 生物分野

4 章 地学分野

 わかる君を探してみよう！

この本にはちょっと変わったわかる君が全部で５つかくれています。学習を進めながら探してみてくださいね。

 すまいる君　 たべる君　 うける君　 てれる君　 うかる君

色や大きさは、上の絵とちがうことがあるよ！

高校入試を知っておこう

😊 高校ってどんな種類に分かれるの?

公立・私立・国立のちがい

合格につながる高校入試対策の第一歩は、行きたい高校を決めることです。志望校が決まると、受験勉強のモチベーションアップになります。まずは、高校のちがいを知っておきましょう。高校は公立・私立・国立の3種類に分かれます。どれが優れているということはありません。自分に合う高校を選びましょう。

公立高校
・都道府県・市・町などが運営する高校
・学費が私立高校と比べてかなり安い
・公立高校がその地域で一番の進学校ということもある

私立高校
・学校法人という民間が経営している。独自性が魅力の一つ
・私立のみを受験する人も多い

国立高校
・国立大学の附属校。個性的な教育を実践し、自主性を尊重する学校が多い

😊 入試の用語と形式を知ろう!

単願・併願って?

単願(専願)と併願とは、主に私立高校で使われている制度です。単願とは「合格したら必ず入学する」という約束をして願書を出すこと。併願とは「合格しても、断ることができる」というものです。

単願のほうが受かりやすい形式・基準になっているので、絶対に行きたい学校が決まっている人は単願で受けるといいでしょう。

推薦入試は、一般入試よりも先に実施されますが、各高校が決める推薦基準をクリアしていないと受けられないという特徴があります。

小論文や面接も「ひとつひとつ」で対策!

左:『高校入試　作文・小論文をひとつひとつわかりやすく。』
右:『高校入試　面接対策をひとつひとつわかりやすく。』
(どちらもGakken)

形式の違いを把握して正しく対策！

　公立の入試形式は各都道府県や各高校で異なります。私立は学校ごとに試験の形式や難易度、推薦の制度などが大きく違います。同じ高校でも、普通科・理数科など、コースで試験日が分かれていたり、前期・後期など何回かの試験日を設定したりしていて、複数回受験できることもあります。

　必ず自分の受ける高校の入試形式や制度を確認しましょう。

ひとくちに入試と言ってもいろいろあるんだね

公　立	私　立
推薦入試 ・内申点＋面接、小論文、グループ討論など ・高倍率で受かりにくい	**推薦入試** ・制度は各高校による ・単願推薦はより受かりやすい
一般入試 ・内申点＋学力試験（面接もあり） ・試験は英・数・国・理・社の5教科 ・同じ都道府県内では同じ試験問題のことが多い ・難易度は標準レベルなのでミスをしないことが大切	**一般入試** ・制度は各高校による 　（内申点を評価するところもある） ・試験は英・数・国の3教科のところが多い ・各高校独自の問題で、難易度もさまざま 　（出題範囲が教科書をこえるところもある）

公立の高校入試には内申点も必要

　公立高校の入試では、内申点＋試験当日の点数で合否が決まります。「内申点と学力試験の点数を同等に扱う」という地域や高校も多いので、内申点はとても重要です。

　都道府県によって、内申点の評価学年の範囲、内申点と学力試験の点数の配分は異なります。

　中1～3年の内申点を同じ基準で評価する地域、中3のときの内申点を高く評価する地域、実技教科の内申点を高く評価する地域などさまざまなので、必ず自分の住む地域の入試形式をチェックしましょう。

普段の勉強もがんばらなくちゃ

入試では3年分が出題範囲

中3からは、ふだんの授業の予習・復習や定期テスト対策に加えて、中1・2の総復習や、3年間の学習範囲の受験対策、志望校の過去問対策など、やるべきことが盛りだくさんです。

学校の進度に合わせて勉強をしていると、中3の最後のほうに教わる範囲は、十分な対策ができません。夏以降は、学校で教わっていない内容も自分で先取り学習をして、問題を解くとよいでしょう。

下のスケジュールを目安に、中3の春からコツコツと勉強を始めて、夏に勢いを加速させるようにしましょう。

	勉強のスケジュール	入試に向けて
4月〜7月	・ふだんの予習・復習 ・定期テスト対策 ・中1・2の総復習 ➡夏休み前にひと通り終えるようにする	・学校説明会や文化祭へ行く ➡1学期中に第一志望校を決めよう ・模試を受けてみる ➡自分の実力がわかる
夏休み	・中1〜3の全範囲での入試対策 ➡問題集を解いたり、過去の定期テストの見直しをしたりしよう ・2学期以降の中3範囲の予習 ➡学校の進度にあわせると入試ギリギリになるので予習する	・1学期の成績をもとに、志望校をしぼっていく ※部活が夏休み中もある人はスケジュール管理に注意！
9月〜3月	・定期テスト対策 ➡2学期・後期の内申点までが受験に関わるので、しっかりと！ ・10月ごろから総合演習 ➡何度も解いて、練習しよう ・受ける高校の過去問対策 ➡くり返し解いて、形式に慣れる。苦手分野は問題集に戻ってひたすら苦手をつぶしていく	・模試を受ける ➡テスト本番の練習に最適 ・説明会や個別相談会に行く ➡2学期の成績で受験校の最終決定 ・1月ごろから入試スタート

学校の2学期制や、3学期制にかかわらず大切なスケジュールだよ

1章

章

物理分野

01 光はどんな性質をもつの？

光が物体の表面に当たってはね返ることを、**光の反射**といいます。鏡の面に垂直な線と入射した光（**入射光**）がつくる角を**入射角**、反射した光（**反射光**）がつくる角を**反射角**といいます。

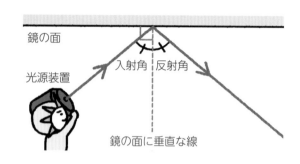

鏡の面
入射角　反射角
光源装置
鏡の面に垂直な線

【光の反射の法則】
入射角＝反射角

鏡などに映って見えるものを**像**といいます。物体と像は、鏡に対して同じ距離だけ離れているように見えます。これは、鏡に対して線対称の位置から光が進んできたように見えるからです。

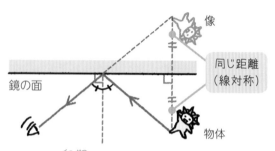

像
同じ距離
（線対称）
鏡の面
物体

光が異なる物質の境界面で折れ曲がることを、**光の屈折**といいます。このとき、境界面に垂直な線と屈折した光（**屈折光**）のつくる角を**屈折角**といいます。

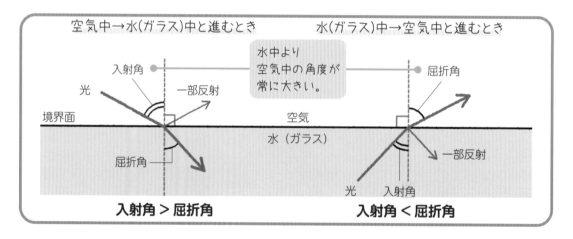

空気中→水（ガラス）中と進むとき　　水（ガラス）中→空気中と進むとき

入射角
光
一部反射
水中より
空気中の角度が
常に大きい。
屈折角
境界面
空気
水（ガラス）
一部反射
屈折角
光　入射角
入射角 ＞ 屈折角　　**入射角 ＜ 屈折角**

光がガラス中や水中から空気中へ進むとき、入射角を大きくしていくと屈折角は90°に近づいていきます。そして、入射角がある角度以上になると、すべての光が境界面で反射します。これを**全反射**といいます。

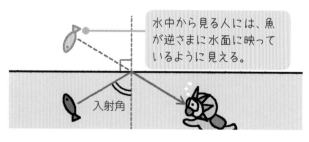

水中から見る人には、魚が逆さまに水面に映っているように見える。
入射角

基本練習

→ 答えは別冊2ページ

1 光の進み方について、正しいものを〇で囲みましょう。

(1) 光が鏡に当たって反射するとき、入射角と反射角の間には、
（　入射角＜反射角・入射角＝反射角・入射角＞反射角　）の関係がある。

(2) 光が空気中から水中へ進むとき、入射角（　＜　・　＝　・　＞　）屈折角となる。

(3) 光が水中から空気中へ進むとき、入射角（　＜　・　＝　・　＞　）屈折角となる。

2 右の図は、物体の一部と優斗さんの目の位置との関係を、真横から見たものです。物体の一部である●で示した部分の光が水面で反射して、○で示した優斗さんの目の位置に届くまでの光の道すじを、右の図にかき入れましょう。　［宮崎県］

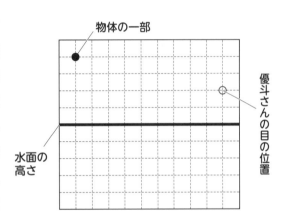

物体の一部

優斗さんの目の位置

水面の高さ

3 右の図のように、台形ガラスに光を当てた場合、光は境界面を通りぬけました。屈折して進む光の道すじを表したものとして、適切なものはどれですか。次のア〜エから1つ選びましょう。なお、矢印は、光の道すじを表したものです。　［富山県］

光源装置

境界面

台形ガラス

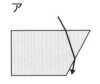

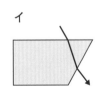

ア　　　　イ　　　　ウ　　　　エ

ミス注意 **3** 空気→ガラスへ進むときは入射角＞屈折角、ガラス→空気へ進むときは入射角＜屈折角。光がガラスに入る面とガラスから出る面は、平行ではないことに注意しよう。

学習した日　／　□ もう一度　□ バッチリ！

凸レンズはどんな像をつくるの？

凸レンズを通った光の代表的な進み方は、次の3パターンです。

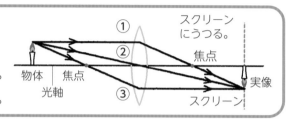

❶光軸に平行な光
　　　　→反対側の焦点を通る。
❷凸レンズの中心を通る光→直進する。
❸焦点を通った光→光軸に平行に進む。

物体を凸レンズの焦点の外側に置くと、物体から出た光が凸レンズを通って、スクリーンに上下左右が逆向きの像ができます。この像は、実際に光が集まってできているので、**実像**といいます。

実像の大きさは、物体を置く位置で決まります。

物体を焦点距離の2倍の位置に置くと、レンズの反対側の焦点距離の2倍の位置に、物体と同じ大きさの実像ができます。

物体を焦点に近づけていくと、像ができる位置は凸レンズから遠ざかり、像の大きさは大きくなります。

物体が凸レンズの焦点の内側にあるときには実像はできませんが、凸レンズを通して見ると、物体より大きな像が物体と同じ向きに見えます。この像は、光が集まった像ではなく、見かけの像です。これを**虚像**といいます。

ルーペで大きく見える像は、虚像だよ。

【物体が焦点の外側にあるとき】

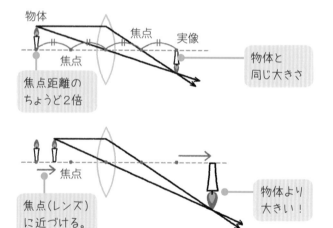

焦点距離のちょうど2倍

物体と同じ大きさ

焦点(レンズ)に近づける。

物体より大きい！

【物体が焦点の内側にあるとき】

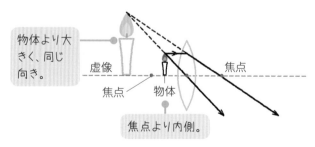

物体より大きく、同じ向き。

虚像

焦点より内側。

基本練習

→ 答えは別冊2ページ

1 (1)・(3)は正しいものを〇で囲み、(2)・(4)はあてはまる語句を書きましょう。

(1) 物体が焦点の外側にあるとき、スクリーンに上下左右が

（　同じ向き・逆向き　）の像ができる。

(2) (1)の像を ［　　　　　　　　　］ という。

(3) 物体が焦点の内側にあるとき、凸レンズを通して物体よりも

（　大きく・小さく　）、物体と（　同じ・逆　）向きの像が見える。

(4) (3)の像を ［　　　　　　　　　］ という。

2 凸レンズについて、次の問いに答えましょう。　　　　　　［岡山県］

(1) **図1**のように、凸レンズの
焦点距離の２倍の位置に、物
体とスクリーンを置くと、ス
クリーン上には物体と同じ

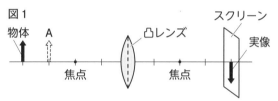

図1

大きさの上下左右逆の実像ができます。物体を**図1**の**A**の位置に移動させ
たときの、実像ができる位置と実像の大きさについて適切なものはどれで
すか。次の**ア**～**ウ**から１つ選びましょう。

ア 実像ができる位置は凸レンズから遠くなり、実像の大きさは大きくなる。

イ 実像ができる位置も実像の大きさも変わらない。

ウ 実像ができる位置は凸レンズから近くなり、実像の大きさは小さくなる。

〔　　　　　　〕

(2) **図2**のように、焦点の位置から矢印
の２方向に進んだ光が凸レンズで屈
折して進むときの光の道すじを**図2**
にかきましょう。ただし、道すじは
光が凸レンズの中心線で１回だけ屈
折しているようにかくこととします。

図2

😊 ﾐｽ注意 **2**(1) 凸レンズによってできる像の位置や大きさがわからないときは、物体が**A**の位置にあ
るときの像を実際に作図してみよう。

学習した日 ／ □ 😊もう一度 □ 😊バッチリ!

03 音の大きさや高さを変えるには？

振動して音を出すものを**音源**といいます。音源が振動することでまわりの空気を振動させ、その振動が波のように広がっていきます。音が聞こえるのは、空気の振動が耳の中の**鼓膜**を振動させ、その振動が脳に伝わるためです。

空気中を伝わる音の速さは、1秒間に約340 mです。

> 音は、水などの液体や金属などの固体の中も伝わるよ。

$$音の速さ〔m/s〕＝\frac{音が伝わる距離〔m〕}{音が伝わる時間〔s〕}$$

弦などの振動の振れ幅を**振幅**といい、弦が1秒間に振動する回数を**振動数**といいます。振動数の単位は**ヘルツ（Hz）**です。

【例題】
1回の振動にかかる時間が0.004秒のとき、振動数は何Hz？

1÷0.004 s＝250 Hz

【オシロスコープの波形】

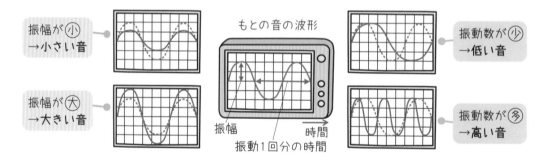

振幅が⑪→小さい音

振幅が⑪→大きい音

もとの音の波形

振幅　時間

振動1回分の時間

振動数が⑪→低い音

振動数が⑪→高い音

【振動数を多くする方法】

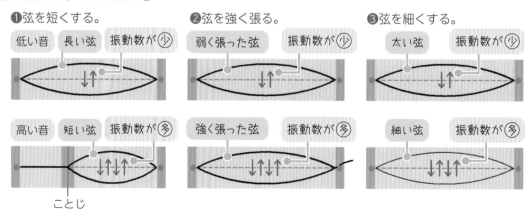

❶弦を短くする。

低い音　長い弦　振動数が⑪

高い音　短い弦　振動数が⑫

ことじ

❷弦を強く張る。

弱く張った弦　振動数が⑪

強く張った弦　振動数が⑫

❸弦を細くする。

太い弦　振動数が⑪

細い弦　振動数が⑫

1 (1)・(3)はあてはまる語句を書き、(2)・(4)は正しいものを◯で囲みましょう。

(1)　弦などの振動の振れ幅を ＿＿＿＿＿＿＿ という。

(2)　(1)が大きいほど、音は（　大きく・小さく　）なる。

(3)　弦が１秒間に振動する回数を ＿＿＿＿＿＿＿ という。

(4)　(3)が多いほど、音は（　高く・低く　）なる。

2 向かいの山に向かって「ヤッホー」とさけんでから３秒後に、向かいの山で反射してもどってきた「ヤッホー」という音が聞こえました。自分と向かいの山の音が反射したところまでのおよその距離として適切なものを、次のア〜エから１つ選びましょう。ただし、音の速さは340 m/sとし、ストップウォッチの操作の時間は考えないものとします。　　　　　　　　　　　　［和歌山県］

　　ア　510 m　　　イ　1020 m　　　ウ　1530 m　　　エ　2040 m

〔　　　　　　〕

3 音さXと音さYの２つの音さがあります。音さXをたたいて出た音をオシロスコープで表した波形は、右の図のようになりました。図中のAは１回の振動にかかる時間、Bは振幅を表しています。音さYをたたいて出た音は、図で表された音よりも高くて大きくなりました。この音をオシロスコープで表した波形を右の図と比べたときの波形のちがいとして、適切なものはどれですか。次のア〜エから１つ選びましょう。　　　　　　　　　　　　　　　　　　　　　　　　　　　　　　　［東京都・2021］

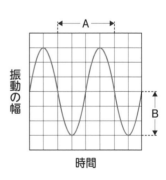

　　ア　Aは短く、Bは大きい。　　　イ　Aは短く、Bは小さい。
　　ウ　Aは長く、Bは大きい。　　　エ　Aは長く、Bは小さい。

〔　　　　　　〕

😁 ミス注意 **3** １回の振動にかかる時間が短いほど、振動数が多くなるよ。

学習した日　　／　　　□ 😐 もう一度　□ 😄 バッチリ！

04 ばねののびを決めるものは何？

物体にはたらく力は、矢印を使って表します。力がはたらく点を**作用点**といい、●で示します。力の矢印は作用点から力がはたらいている向きにかき、矢印の長さは力の大きさに比例させます。

力の大きさの単位は**ニュートン（N）**です。1Nは約100gの物体にはたらく重力の大きさです。

重力の大きさは、場所によって異なります。一方、場所によって変化しない**物質そのものの量**を**質量**といいます。質量の単位は**グラム**（g）や**キログラム**（kg）です。

【力の表し方】

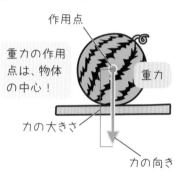

作用点

重力の作用点は、物体の中心！

重力

力の大きさ

力の向き

ばねばかりを使うと、物体にはたらく重力の大きさを調べることができます。ばねののびは、ばねを引く力の大きさに比例します。この関係を、**フックの法則**といいます。

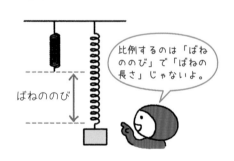

ばねののび

比例するのは「ばねののび」で「ばねの長さ」じゃないよ。

【力の大きさとばねののび】

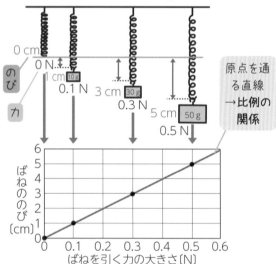

0 cm
0 N
のび
1 cm 10g
力
0.1 N
3 cm 30g
0.3 N
5 cm 50g
0.5 N

原点を通る直線
→比例の関係

ばねを引く力の大きさ〔N〕

1つの物体に2つ以上の力がはたらいていてもその物体が静止しているとき、物体にはたらく力は「**つり合っている**」といいます。

【2力のつり合いの条件】
❶ 2力の大きさは等しい。
❷ 2力の向きは反対。
❸ 2力は一直線上にある。

【つり合っている2力の例】

重力と垂直抗力

垂直抗力

重力

押す力と摩擦力

押す力

摩擦力

基本練習

→ 答えは別冊2ページ

1 (1)・(2)はあてはまる語句を書き、(3)は正しいものを〇で囲みましょう。

(1)　ばねののびは、ばねを引く力の大きさに [　　　　　　　　　　] する。

(2)　(1)の関係を [　　　　　　　　　] の法則という。

(3)　2つの力がつり合っているとき、2つの力は一直線上にあり、2つの力の大きさは（　異なり・等しく　）、向きは（　同じ・反対　）である。

2 図1のように、ばねにおもりをつるし、ばねに加えた力の大きさとばねの長さとの関係を調べました。次の問いに答えましょう。ただし、ばねの重さは考えないものとします。また、質量100 gの物体にはたらく重力の大きさは1 Nとします。

[大阪府]

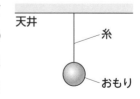

図1
ばね
ばねの長さ
おもり

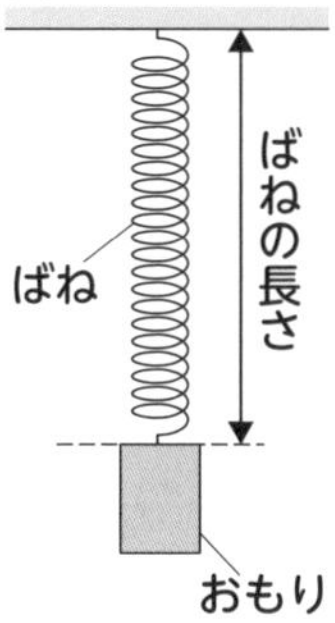

図2
ばねの長さ〔cm〕
ばねに加えた力の大きさ〔N〕

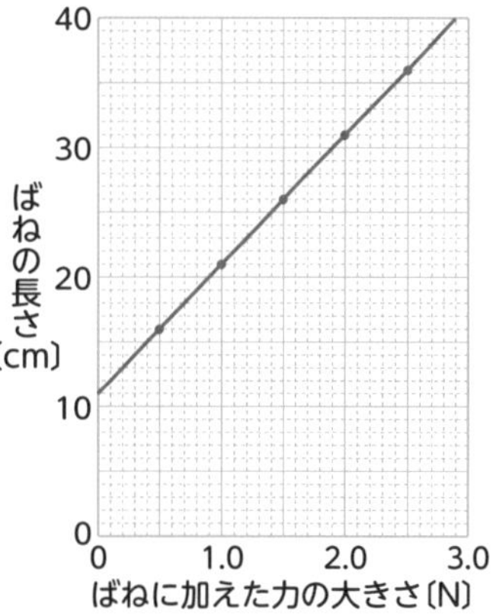

(1)　質量250 gの物体にはたらく重力の大きさは何Nですか。

〔　　　　　　　〕

(2)　ばねに力を加えていないときのばねの長さは、**図2**より読みとると何cmであると考えられますか。答えは整数で書きましょう。

〔　　　　　　　〕

3 右の図のように、おもりが天井から糸でつり下げられています。このとき、おもりにはたらく重力とつり合いの関係にある力はどれですか。次のア〜エから1つ選びましょう。

[栃木県]

天井
糸
おもり

ア　糸がおもりにおよぼす力　　イ　おもりが糸におよぼす力

ウ　糸が天井におよぼす力　　　エ　天井が糸におよぼす力

〔　　　　　　　〕

😊 ミス注意 **3** 重力は地球がおもりを引く力である。つり合っている2つの力は同じ物体にはたらくんだよ（この場合はおもり）。

学習した日　／　□ 😐 もう一度　□ 😊 バッチリ!

「力の合成」「力の分解」って何?

2つの力と同じはたらきをする1つの力を求めることを**力の合成**といい、合成して求めた力を**合力**といいます。

【一直線上にある2力の合力】

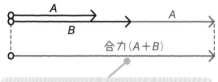

2力の向きが同じなら、合力は2力の和。

2力の向きが逆なら、合力は2力の差。

一直線上にない2力の合力は、2力を2辺とする平行四辺形の対角線だよ。

【一直線上にない2力の合力】

① Aの矢印の先からBと平行な線をかく。

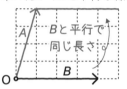

② Bの矢印の先からAと平行な線をかく。

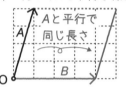

③ A、Bの根もとから①②の線が交わったところまで線をかく。

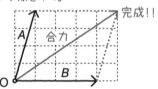

1つの力をこれと同じはたらきをする2つの力に分けることを**力の分解**といい、分解した力をもとの力の**分力**といいます。

【1つの力Fの2つの分力】 （力Fを、アとイの2つの方向に分解する）

① Fの矢印の先からイと平行に線を引き、力Fが対角線になるような平行四辺形の1辺アをかく。

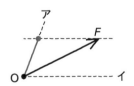

② Fの矢印の先からアと平行に線を引き、力Fが対角線になるような平行四辺形のもう1つの辺イをかく。

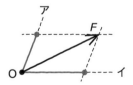

③ 力Aと力Bが、力Fの分力となる。

分力は、力Fを対角線とする平行四辺形の2辺。

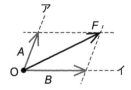

基本練習

→ 答えは別冊3ページ

1 (1)・(2)は正しいものを〇で囲み、(3)はあてはまる語句を書きましょう。

(1) 一直線上で同じ向きにはたらく2力の合力の大きさは、

2力の（ 和・差 ）になる。

(2) 一直線上で逆向きにはたらく2力の合力の大きさは、

2力の（ 和・差 ）になる。

(3) 一直線上にない2力の合力は、2力を2辺とする平行四辺形の

で表す。

2 次の実験について、あとの問いに答えましょう。 ［福島県・改］

[実験] 水平な台上に置いた方眼紙に点Oを記した。ばねばかりX〜Zと金属
の輪を糸でつなぎ、Zをくぎで固定し、図1のようにX、Yを引いた。こ
のとき、金属の輪の中心の位置は点Oに合っていた。糸は水平で、たるま
ずに張られていた。図2は、金属の輪がX、Yにつけたそれぞれの糸から
受ける力を表したものであり、矢印の長さは力の大きさと比例してかかれ
ている。

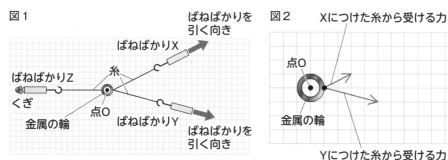

図1

ばねばかりを引く向き

ばねばかりX

糸

ばねばかりZ

くぎ

金属の輪

点O

ばねばかりY

ばねばかりを引く向き

図2

Xにつけた糸から受ける力

点O

金属の輪

Yにつけた糸から受ける力

(1) 複数の力が1つの物体にはたらくとき、それらの力を合わせて同じはたら
きをする1つの力とすることを何といいますか。

〔　　　　　　　　　　〕

(2) 図2の2つの力の合力を表す力の矢印をかきましょう。このとき、作図に
用いた線は消さないでおきましょう。

😊 ミス注意 **2** (2) 「力の合成」や「力の分解」の作図はよく出題されるので、平行線の引き方や平行四
辺形の作図の方法を練習しておこう。

学習した日 ／ □ 😐 もう一度 □ 😊 バッチリ！

06 浮力はどうやって生じるの？

　水中にある物体には、物体の上にある水の重力によって生じる圧力がはたらきます。この圧力を水圧といいます。水圧はあらゆる向きからはたらき、水の深さが深いほど大きくなります。

【水圧を調べる実験】

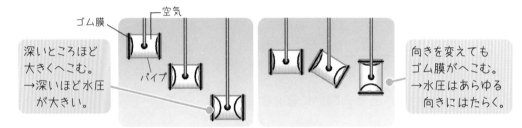

　物体の下面にはたらく水圧は上面にはたらく水圧より大きくなるため、水圧によって生じる力は下面の方が上面より大きくなります。この上面と下面にはたらく力の差によって生じる、上向きの力を浮力といいます。水の深さが変わっても、上面と下面にはたらく力の差は変わらないため、浮力の大きさは水の深さに関係しません。

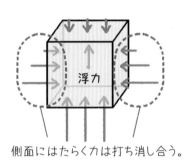

側面にはたらく力は打ち消し合う。

> **浮力の大きさ〔N〕＝空気中でのばねばかりの値〔N〕－水中でのばねばかりの値〔N〕**

　水中にある物体にはたらく重力より浮力の方が大きければ、物体は浮かび上がります。物体にはたらく重力より浮力の方が小さければ、物体は沈んでいきます。

【浮力と物体の浮き沈み】

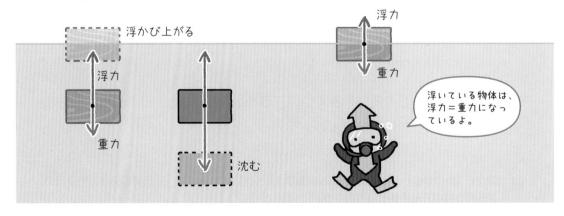

基本練習

→ 答えは別冊3ページ

1 (1)・(3)は正しいものを◯で囲み、(2)はあてはまる語句を書きましょう。

(1)　水圧は水の深さが深いところほど　（　小さい・大きい　）。

(2)　水中にある物体にはたらく上向きの力を 〔　　　　　　　　　　〕 とい

う。

(3)　(2)の大きさは、物体の下の面にはたらく力と上の面にはたらく力の大きさ

の　（　和・差　）　になる。

2 水に浮かぶ物体にはたらく水圧の大きさを、矢印の長さで模式的に表すとどの

ようになりますか。次のア〜エから適切なものを1つ選びましょう。ただし、

矢印が長いほど水圧が大きいことを表すものとします。　　　　　　［岩手県］

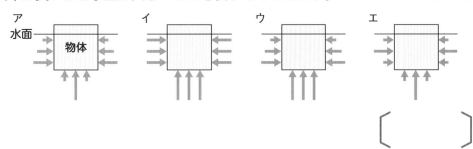

〔　　　　　　　〕

3 次の実験に関するあとの文の①、②の　{　　}　から、適切なものを1つずつ選

びましょう。　　　　　　　　　　　　　　　　　　　　　　　　　［愛媛県］

［実験］　物体Xと物体Yを水に入れたところ、右の図のよう

に、物体Xは沈み、物体Yは浮いて静止した。

右の図で、物体Xにはたらく、浮力の大きさと重力の大

きさを比べると、①｛ア　浮力が大きい　　イ　重力が

大きい　　ウ　同じである｝。右の図で、物体Yにはたらく、

浮力の大きさと重力の大きさを比べると、②｛ア　浮力

が大きい　　イ　重力が大きい　　ウ　同じである｝。

①〔　　　　　〕　②〔　　　　　〕

😊 ミス注意 **2** 水圧は、水の深さが深いほど大きくなり、同じ深さのところでは同じになるよ。
　　　　 3 水中に入れた物体は、重力＜浮力の場合に浮き上がり、重力＞浮力の場合に沈むんだ。

学習した日　／　　☹もう一度　　😊バッチリ！

07 「等速直線運動」ってどんな運動?

速さが変わらない運動 #中3

運動している物体の<u>速さ</u>は、一定時間に移動する距離で表されます。速さの単位には、**メートル毎秒(m/s)**、**キロメートル毎時(km/h)** などがあります。

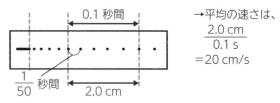

$$速さ〔m/s〕= \frac{移動距離〔m〕}{移動にかかった時間〔s〕}$$

移動距離〔m〕=速さ〔m/s〕×時間〔s〕

ある距離を一定の速さで移動したと考えたときの速さを<u>平均の速さ</u>といいます。一方、自動車などのスピードメーターに表示されるような、時間の変化に応じて刻々と変化する速さを<u>瞬間の速さ</u>といいます。

記録タイマーを使うと、物体の運動を記録することができます。1秒間に50回点を打つ場合、5打点ごとの間隔が0.1秒間の移動距離を表しています。

【記録タイマーのテープの見方】

0.1秒間

$\frac{1}{50}$秒間　2.0 cm

→平均の速さは、
$\frac{2.0 \text{ cm}}{0.1 \text{ s}}$
=20 cm/s

一定の速さで一直線上を進む運動を<u>等速直線運動</u>といいます。

【等速直線運動】

時間と速さの関係

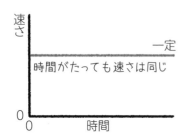

一定
時間がたっても速さは同じ

時間と移動距離の関係

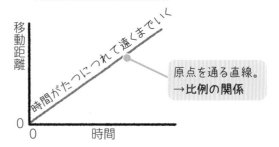

時間がたつにつれて遠くまでいく

原点を通る直線。
→比例の関係

物体に力がはたらいていないときや力がはたらいていてもつり合っているとき、静止している物体は静止を続け、運動している物体は等速直線運動を続けます。これを<u>慣性の法則</u>といい、物体のもっているこのような性質を<u>慣性</u>といいます。

発車しても人は止まり続けようとする。

おっと倒れそう。

停車しても人は動き続けようとする。

危ない!

基本練習

→ 答えは別冊3ページ

1 □ にあてはまる語句を書きましょう。

（1） 物体が一直線上を一定の速さで進む運動を

□ という。

（2） 物体に力がはたらいていないか、物体にはたらいている力がつり合っているとき、静止している物体は静止し続け、運動している物体は等速直線運動を続ける。これを □ の法則という。

2 次の文章は、記録タイマーを使って記録した記録テープの区切りの間隔について説明したものです。 X 、 Y にあてはまる数値を答えましょう。

[島根県]

1秒間に60回の点を打つことができる記録タイマーの場合、1つの点が打たれてから次の点が打たれるまでの時間を分数の形で表すと X 秒である。よって、 Y 打点ごとに区切った間隔は、0.1秒ごとの台車の移動距離を表す。

X 〔　　　　〕　　　Y 〔　　　　〕

3 下の図は、1秒間に50打点する記録タイマーを用いて、物体の運動のようすを記録した記録テープです。記録テープのXの区間が24.5 cmのとき、Xの区間における平均の速さとして適切なものを、あとのア～エから1つ選びましょう。

[埼玉県・2021]

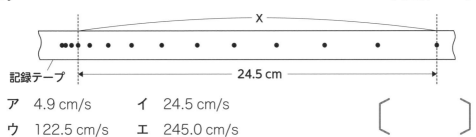

記録テープ

24.5 cm

ア　4.9 cm/s　　イ　24.5 cm/s

ウ　122.5 cm/s　　エ　245.0 cm/s

〔　　　〕

ミス注意 **3** Xは10打点分の区間であることに着目しよう。

学習した日　／　□ もう一度　□ バッチリ!

08 速さが変わるのはどんなとき？

運動の向きに一定の大きさの力がはたらき続けると、物体の速さは一定の割合で変化します。

【だんだん速くなる運動】

斜面を下る台車は、運動の向きに重力の斜面に平行な分力を受け続ける。 ➡ 台車の速さは一定の割合で増加する。

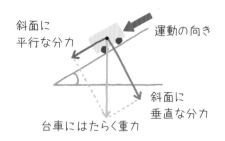

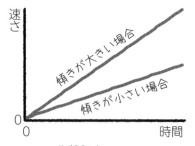

傾きが大きくなると、速さが増加する割合も大きくなるね。

斜面の傾きが90°になると物体は垂直に落下する。…**自由落下**（速さが増加する割合が最も大きい。）

【だんだん遅くなる運動】

斜面を上る台車は、運動とは反対の向きに重力の斜面に平行な分力を受け続ける。 ➡ 台車の速さは一定の割合で減少する。

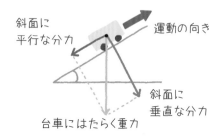

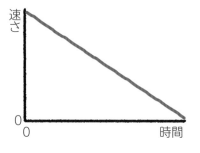

速さは、一定の割合で減少しているね。

ある物体が別の物体に力（**作用**）を加えると、同時に相手の物体から反対向きに同じ大きさの力（**反作用**）を受けます。これを**作用・反作用の法則**といいます。

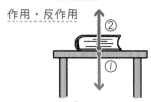

作用・反作用

①**作用**…本が机を押す力
②**反作用**…机が本を押す力（垂直抗力）
※②を作用とするとき、①を反作用といいます。

つり合う2力は1つの物体にはたらくけど、作用・反作用の2力は2つの物体間ではたらくんだ。

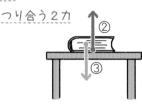

つり合う2力

②机が本を押す力
③本にはたらく重力 } **つり合う2力**

基本練習

→ **答えは別冊3ページ**

1 □□ にあてはまる語句を書きましょう。

(1) 静止した物体が垂直に落下する運動を □□□□□□ という。

(2) 物体が別の物体に力を加えると、相手の物体から同じ大きさで逆向きの力

を受ける。これを □□□□□□ の法則という。

2 次の実験について、あとの問いに答えましょう。ただし、摩擦や空気抵抗はな

いものとします。

[愛媛県]

[実験] **図1**のように、なめらかな斜面
上の **A** の位置に小球を置いて静止さ
せた。次に、斜面に沿って上向きに
小球を手で押しはなした。**図2**は、
そのときの小球が斜面上を運動するよう

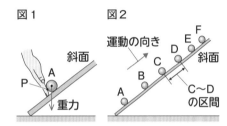

図1　図2

運動の向き

斜面

重力

C〜D
の区間

すを表したもので、一定時間ごとに撮影した小球の位置を **A〜F** の順に示し
ている。下の表は、**図2**の各区間の長さを測定した結果をまとめたものである。

区間	B〜C	C〜D	D〜E	E〜F
区間の長さ〔cm〕	11.3	9.8	8.3	6.8

(1) **図1**の矢印は、小球にはたらく重力を示したも
のです。**A**の位置で、手が小球を静止させる、斜
面に平行で上向きの力を、右の図中に、点**P**を作
用点として、矢印でかきましょう。

斜面

P

重力

(2) 次の文の①、②の {　} の中から、適切な
ものを1つずつ選びましょう。

斜面はマス目の線と重なっており、
点P、重力の作用点、重力の矢印の
先端は、マス目の交点上にある。

表から、**B〜F**の区間で小球が運動している間に、小球にはたらく斜面に
平行な力の向きは、① {**ア** 斜面に平行で上向き　**イ** 斜面に平行で下
向き} で、その力の大きさは、② {**ア** しだいに大きくなる　**イ** しだ
いに小さくなる　**ウ** 一定である} ことがわかる。

①〔　　　　〕　②〔　　　　〕

ミス
注意 **2**(1)　手が加える斜面に平行な力は、重力の斜面に平行な分力とつり合っているよ。

09 理科でいう「仕事」って何?

　物体に力を加え、力の向きに動かしたとき、加えた力は物体に対して**仕事**をしたといいます。仕事の単位は**ジュール（J）**です。

　物体に力を加えても動かないときや加えた力と移動の向きが垂直なとき、仕事は0になります。

> **仕事〔J〕**
> **＝力の大きさ〔N〕**
> 　**×力の向きに動いた距離〔m〕**

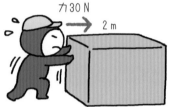

力30N　2m

物体をゆっくりと一定の速さで動かすとき、仕事は、
30N×2m
＝60J

　道具を使っても使わなくても、仕事の大きさは変わりません。これを**仕事の原理**といいます。

【仕事の原理】

1000gの物体を0.5mの高さまで持ち上げる場合、どんな方法でも仕事の大きさは常に5Jです。

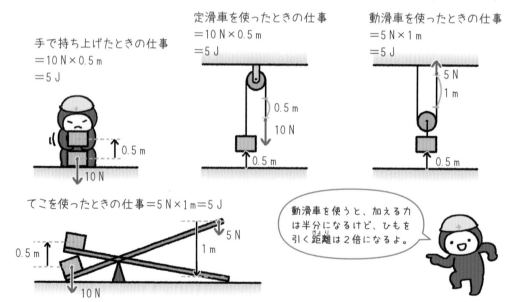

手で持ち上げたときの仕事
＝10N×0.5m
＝5J

定滑車を使ったときの仕事
＝10N×0.5m
＝5J

動滑車を使ったときの仕事
＝5N×1m
＝5J

てこを使ったときの仕事＝5N×1m＝5J

動滑車を使うと、加える力は半分になるけど、ひもを引く距離は2倍になるよ。

　一定時間（1秒間）にする仕事を**仕事率**といい、仕事の能率の大小を表します。仕事率の単位は**ワット（W）**です。

> $$仕事率〔W〕=\frac{仕事〔J〕}{時間〔s〕}$$

基本練習

→ 答えは別冊4ページ

1 □□□□□ にあてはまる語句を書きましょう。

滑車などの道具を使っても使わなくても、仕事の大きさが変わらないことを

□□□□□□□□□ という。

2 定滑車や動滑車を用いた実験について、あとの問いに答えましょう。ただし、100 gの物体にはたらく重力の大きさを1 Nとし、定滑車、動滑車、ひも、ばねばかりの質量や摩擦は考えないものとします。 [佐賀県]

[実験] ① 図1のような装置を用いて、質量600 gの物体を一定の速さ2 cm/sで、物体の底面の位置が水平面から20 cmの高さになるまで引き上げた。

② 図2のような装置を用いて、質量600 gの物体をある一定の速さで、物体の底面の位置が水平面から20 cmの高さになるまで引き上げた。

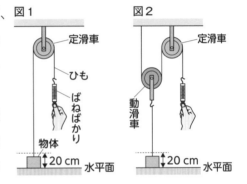

(1) ①において、物体を20 cm引き上げるのに必要な仕事の大きさは何Jですか。

〔　　　　　　〕

(2) ①のときの仕事率は何Wですか。

〔　　　　　　〕

(3) ②において、①と比べたときのばねばかりの目盛りの値と引く距離について説明した文として適切なものを、次のア～エから１つ選びましょう。

ア 目盛りの値は半分になり、引く距離は変わらない。

イ 目盛りの値は半分になり、引く距離は２倍になる。

ウ 目盛りの値は変わらず、引く距離は半分になる。

エ 目盛りの値は変わらず、引く距離は２倍になる。

〔　　　　　　〕

😊 ミス注意 **2** ①でひもを引く力の大きさは重力の大きさと等しいよ。600 gの物体にはたらく重力の大きさは6 Nだね。

学習した日　／　□ もう一度　□ バッチリ!

10 エネルギーはなくならないの？

ほかの物体に対して仕事をする能力のことを**エネルギー**といいます。エネルギーの単位は、仕事と同じ**ジュール**（J）です。

高いところにある物体がもっているエネルギーを**位置エネルギー**といいます。

【位置エネルギーの大きさ】
❶位置エネルギーの大きさは、基準面からの高さが高いほど大きい。
❷位置エネルギーの大きさは、物体の質量が大きいほど大きい。

運動している物体がもっているエネルギーを**運動エネルギー**といいます。

【運動エネルギーの大きさ】
❶運動エネルギーの大きさは、物体の速さが大きいほど大きい。
❷運動エネルギーの大きさは、物体の質量が大きいほど大きい。

位置エネルギーと運動エネルギーの和を**力学的エネルギー**といいます。摩擦や空気の抵抗などがなければ、物体のもつ力学的エネルギーは一定に保たれます。これを、**力学的エネルギーの保存**（力学的エネルギー保存の法則）といいます。

力学的エネルギー＝位置エネルギー＋運動エネルギー

【振り子における力学的エネルギーの保存】

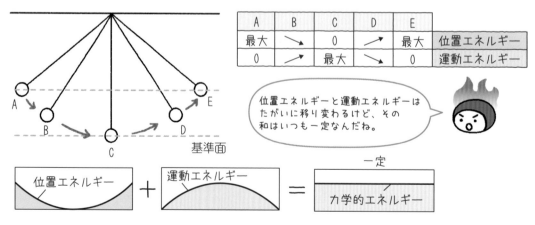

	A	B	C	D	E	
位置エネルギー	最大	↘	0	↗	最大	位置エネルギー
運動エネルギー	0	↗	最大	↘	0	運動エネルギー

位置エネルギーと運動エネルギーはたがいに移り変わるけど、その和はいつも一定なんだね。

位置エネルギー ＋ 運動エネルギー ＝ 一定 力学的エネルギー

基本練習

→ 答えは別冊4ページ

1 (1)・(3)はあてはまる語句を書き、(2)・(4)は正しいものを○で囲みましょう。

(1) 高いところにある物体がもっているエネルギーを

[   ] エネルギーという。

(2) 基準面からの高さが高いほど、位置エネルギーは （ 大きい・小さい ）。

(3) 運動している物体がもっているエネルギーを

[   ] エネルギーという。

(4) 物体の速さが大きいほど、運動エネルギーは （ 大きい・小さい ）。

2 エネルギーに関する実験を行った。あとの問いに答えましょう。 ［和歌山県］

［実験］ ① レールを用意し、小球を転がすためのコースをつくった（**図1**）。

② ＢＣを高さの基準（基準面）として、高さ40 cmの点**A**より数cm高いレール上に小球を置き、斜面を下る向きに小球を指で押し出した。小球はレールに沿って点**A**、点**B**、点**C**の順に通過して最高点の点**D**に達した。

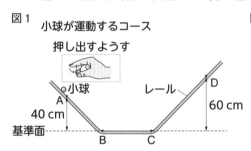

図1 小球が運動するコース
押し出すようす
小球 レール
40 cm 60 cm
基準面 B C

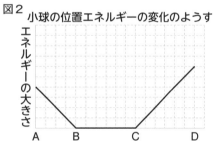

図2 小球の位置エネルギーの変化のようす
エネルギーの大きさ
A B C D

(1) 位置エネルギーと運動エネルギーの和を何といいますか。

[   ]

(2) **図2**は、レール上を点**A**〜点**D**まで運動する小球の位置エネルギーの変化のようすを表したものです。このときの点**A**〜点**D**までの小球の運動エネルギーの変化のようすを、**図2**にかき入れましょう。ただし、空気の抵抗や小球とレールの間の摩擦はないものとします。

 ミス注意 **2**(2) 点**D**に達したとき、位置エネルギーは最大、運動エネルギーは0だね。

学習した日 ／ □ もう一度 □ バッチリ!

実戦テスト①

→ 答えは別冊17ページ

得点　　　／100点

1章 物理分野

1 凸レンズの左側に物体Aを置き、凸レンズの右側に置いたスクリーンを動かすと、右の図の位置のときスクリーン上にはっきりとした像ができました。次の問いに答えなさい。　各10点 [佐賀県]

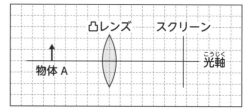

(1) この凸レンズの2つの焦点を作図により求め、図に（●）で示しなさい。ただし、作図の線は消さずに残しておくこと。

(2) 凸レンズを焦点距離の短いものに変えました。このとき、スクリーン上にはっきりとした像ができるときのようすを説明した文として適切なものを、次のア～エから1つ選び、記号で答えなさい。物体Aと凸レンズの間の距離は変えないものとします。

ア　スクリーンは図と比べて凸レンズに近づき、図のときより小さな像ができる。

イ　スクリーンは図と比べて凸レンズに近づき、図のときより大きな像ができる。

ウ　スクリーンは図と比べて凸レンズから遠ざかり、図のときより小さな像ができる。

エ　スクリーンは図と比べて凸レンズから遠ざかり、図のときより大きな像ができる。

〔　　　　〕

2 音さを用いて**手順1、2**で実験を行いました。次の問いに答えなさい。

各15点 [長崎県]

手順1　図1のように音さをたたき、音による空気の振動のようすをオシロスコープの画面に表示させると、図2のようになった。ただし、**図2**の縦軸は振幅、横軸は時間を表しており、横軸の1目盛りは0.001秒である。また、矢印←→は1回の振動を示している。

図1

音さをたたく

音さ

図2

1回の振動

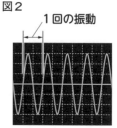

手順2　条件を同じにして、たたく強さを変えて音さをたたくと、**手順1**のときよりも小さい音が出た。

(1) 1秒間に音源が振動する回数を振動数といいます。**図2**に示された音の振動数は何Hzですか。　〔　　　　　　〕

(2) **手順2**のとき、オシロスコープの画面に表示されたものとして適切なものは、次のどれですか。ただし、縦軸、横軸の1目盛りの値は**図2**と同じとします。〔　　　〕

ア
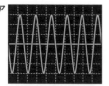

イ
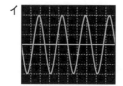

ウ
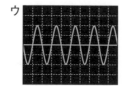

エ
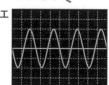

3 右の図のように、直線状のレールを使って水平面と斜面のある軌道**X**をつくり、小球の運動のようすを調べる実験を行いました。摩擦力や空気抵抗は無視できるものとして、次の問いに答えなさい。ただし、小球がレールの接続部を通過するときに、接続による影響を受けないものとします。また、小球がレールからはなれることはないものとします。

各10点 [富山県]

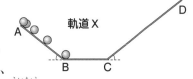

軌道X

[実験] 図の軌道**X**上の左端である**A**点から小球を静かにはなしたところ、小球は**AB**間を下ったのち、**B**点、**C**点を通過した。手をはなしてから小球が**B**点に達するまでのようすを、1秒間に8回の割合で点滅するストロボの光を当てながら写真を撮影した。右上の図はその模式図である。

(1) **AB**間を運動する小球の平均の速さは何m/sですか。ただし、**A**点から**B**点までの長さは、75cmとします。〔　　　　　　〕

(2) **BC**間を移動している小球の運動を何といいますか。〔　　　　　　〕

(3) **C**点を通過し、斜面を上る小球にはたらいている力を正しく示した図はどれですか。次の**ア**～**エ**から1つ選び、記号で答えなさい。〔　　　　　　〕

ア 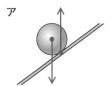　　イ 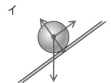　　ウ 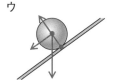　　エ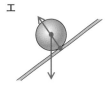

4 物体にはたらく力に関する次の問いに答えなさい。

各10点 [愛媛県]

[実験] 図1のように、質量1.5kgの台車**X**をとりつけた滑車**A**に糸の一端を結び、もう一端を手でゆっくり引いて、ⓐ台車**X**を、5.0cm/sの速さで36cm真上に引き上げた。次に、図2のように、なめらかな斜面上の固定したくぎに糸の一端を結び、滑車**A**、**B**に通した糸のもう一端を手で引いて、ⓑ台車**X**を、斜面に沿って、もとの位置から36cm高くなるまで引き上げた。ただし、摩擦や台車**X**以外の道具の質量、糸の

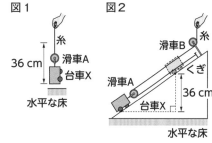

滑車Aの両端にかかる糸は斜面に平行である。また、斜面は固定されている。

のび縮みは考えないものとし、質量100gの物体にはたらく重力の大きさを1Nとする。

(1) 下線部ⓐのとき、台車**X**を引き上げるのにかかった時間は何秒ですか。

〔　　　　　　〕

(2) 下線部ⓑのとき、手が糸を引く力の大きさを、ばねばかりを用いて調べると4.5Nであった。台車**X**が斜面に沿って移動した距離は何cmですか。〔　　　　　　〕

11 電気の通り道を調べよう!

電気の流れを**電流**といい、電流を流すはたらきの大きさを**電圧**といいます。

電流が流れる道すじを**回路**といいます。回路に流れる電流の向きは電池の＋極から出て－極に入る向きです。回路を**電気用図記号**で表したものを**回路図**といいます。

電流の大きさは**電流計**を、電圧の大きさは**電圧計**を使ってはかります。

【電気用図記号】

	豆電球	電源（電池）	電流計	電圧計	スイッチ	抵抗器
電気用図記号	⊗	─┤├─ （長い方が＋）	Ⓐ	Ⓥ	／	─▭─

【直列回路】 1本の道すじでつながった回路

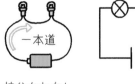

一本道

枝分かれなし

【並列回路】 枝分かれした道すじでつながった回路

枝分かれ　枝分かれ

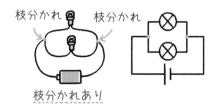

枝分かれあり

【電流計】 電流の単位はアンペア（A）やミリアンペア（mA）。1 A=1000 mA

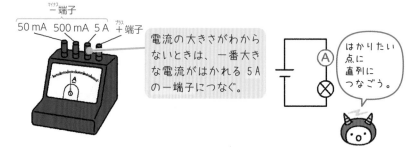

ー端子
50 mA　500 mA　5 A　＋端子

電流の大きさがわからないときは、一番大きな電流がはかれる5 Aのー端子につなぐ。

はかりたい点に直列につなごう。

【電圧計】 電圧の単位はボルト（V）。

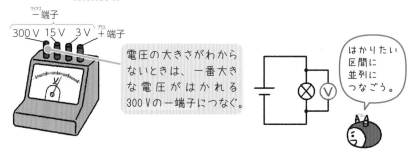

ー端子
300 V　15 V　3 V　＋端子

電圧の大きさがわからないときは、一番大きな電圧がはかれる300 Vのー端子につなぐ。

はかりたい区間に並列につなごう。

基本練習

→ 答えは別冊4ページ

1 □ にあてはまる語句を書きましょう。

(1) 電気の流れを □ といい、電流が流れる道すじを

□ という。

(2) 1本の道すじでつながった回路を □ 回路という。

(3) 枝分かれした道すじでつながった回路を □ 回路

という。

2 図1のような回路をつくり、電熱線aの両端に電圧を加え、電圧計の示す電圧
と、電流計の示す電流の大きさを調べました。図2に、電気用図記号をかき加
えて、図1の回路のようすを表す回路図を完成させましょう。 ［北海道］

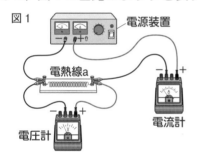
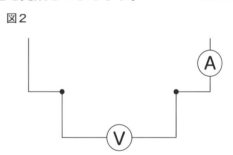

3 モーターに加わる電圧と流れる電流を測定するための回路を表しているのは、
次のア～エのうちではどれですか。1つ選びましょう。ただし、Ⓥは電圧計、
Ⓐは電流計、Ⓜはモーターを表しています。 ［岡山県］

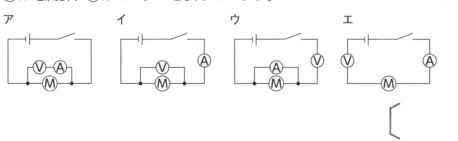

［ ］

😊 ⚠️ミス注意 **2** 電源装置の右側の電極が＋、左側の電極が－になっていることに注意しよう。

学習した日 ／ □ もう一度 □ バッチリ!

12

オームの法則 #中2

電流と電圧にはどんな関係がある？

電流の流れにくさを電気抵抗（抵抗）といいます。電気抵抗の単位はオーム（Ω）です。抵抗器や電熱線を流れる電流の大きさは加える電圧の大きさに比例します。この関係をオームの法則といいます。

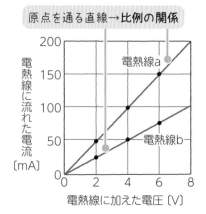

原点を通る直線→比例の関係

電熱線a

電熱線b

電熱線に流れた電流〔mA〕

電熱線に加えた電圧〔V〕

【オームの法則】

$$抵抗R 〔Ω〕=\frac{電圧V 〔V〕}{電流I 〔A〕}$$

$$電圧V 〔V〕=抵抗R 〔Ω〕×電流I 〔A〕$$

$$電流I 〔A〕=\frac{電圧V 〔V〕}{抵抗R 〔Ω〕}$$

電熱線aの方が電熱線bより、抵抗が小さいよ。

直列回路、並列回路での電流、電圧、全体の抵抗は、次のようになります。

【直列回路】

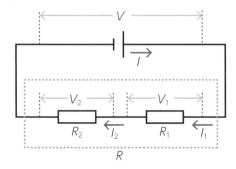

❶回路のどの点でも電流の大きさは等しい。

$$I=I_1=I_2$$

❷それぞれの抵抗器に加わる電圧の和は、電源の電圧に等しい。

$$V=V_1+V_2$$

❸回路全体の抵抗 R は、各抵抗器の抵抗の和になる。

$$R=R_1+R_2$$

【並列回路】

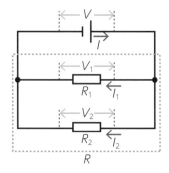

❶枝分かれする前の電流の大きさは、枝分かれしたあとの電流の和に等しい。

$$I=I_1+I_2$$

❷各区間に加わる電圧の大きさは、電源の電圧に等しい。

$$V=V_1=V_2$$

❸回路全体の抵抗 R は、各抵抗器の抵抗より小さくなる。

$$\frac{1}{R}=\frac{1}{R_1}+\frac{1}{R_2} \quad (R<R_1、R<R_2)$$

基本練習

→ 答えは別冊4ページ

1 （　　）の中の正しいものを○で囲みましょう。

抵抗器を流れる電流の大きさは、電圧の大きさに（　比例・反比例　）する。

2 右の図のように回路を組み、10 Ωの抵抗器 a と、電気抵抗がわからない抵抗器 b を直列に接続しました。電源装置で5.0 Vの電圧を加えて、電流計が0.20 Aの値を示したとき、抵抗器 a に加わる電圧は何Vですか。また、抵抗器 b の電気抵抗は何Ωですか。　　　　［栃木県］

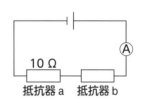

電圧 〔　　　　　　　　〕　　　抵抗 〔　　　　　　　　〕

3 10 Ωの抵抗器を2個と電流計、電源装置を用いて回路をつくり、電圧を10 V にしたところ電流計は2 Aを示しました。このときの回路図として正しいものはどれですか。次のア～エから1つ選びましょう。　　　　［岩手県］

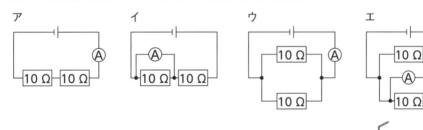

〔　　　　　　　　〕

4 電源装置の電圧を変えて、ある抵抗器の両端に加わる電圧とその抵抗器に流れる電流の大きさとの関係を調べました。右の図は、その結果を表したグラフです。抵抗器の抵抗は何Ωですか。　　　　［愛媛県・改］

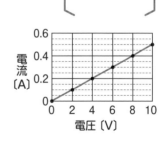

〔　　　　　　　　〕

3 電源装置の電圧と電流計の電流の値から回路全体の抵抗を求めよう。また、電流計のつなぎ方にも注意しよう。

1章 物理分野

2章

3章

4章

模試

学習した日　　／　　　□ もう一度　□ バッチリ!

13 回路の問題をマスターしよう!

今まで学習してきた回路の性質をふまえて、次の問題を解いてみましょう。

【例題】 10 Ωの抵抗器 a 、20 Ωの抵抗器 b 、20 Ωの抵抗器 c を使って、右の図のような回路をつくりました。電源装置の電圧が12 Vのとき、P 点を流れる電流は何Aですか。

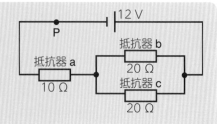

【解き方】

P 点を流れる電流を求めるために、回路全体の抵抗を求める必要がある。

まず、抵抗器 b と抵抗器 c の合成抵抗 R を求める。

$$\frac{1}{R} = \boxed{}^{❶} + \boxed{}^{❷}$$

よって、$R = \boxed{}^{❸}$ Ω

> 並列回路では、全体の抵抗Rは、
> $\frac{1}{R} = \frac{1}{R_1} + \frac{1}{R_2}$
> で求められるよ。

抵抗器 a と、抵抗器 b と抵抗器 c が並列につながれた部分は、直列につながれているので、回路全体の抵抗は、

$$10\ \Omega + \boxed{}^{❹}\ \Omega = \boxed{}^{❺}\ \Omega$$

> 直列回路では、全体の抵抗Rは、
> $R = R_1 + R_2$
> で求められるよ。

電源の電圧は12 Vなので、オームの法則より、P 点を流れる電流は、

$$\frac{\boxed{}^{❻}\ \text{V}}{\boxed{}^{❼}\ \Omega} = \boxed{}^{❽}\ \text{A}$$

基本練習

→ 答えは別冊5ページ

1 右の図のような回路をつくり、スイッチを切りかえて電流を測定し、結果を表にまとめました。このとき、抵抗器 a の電気抵抗は50 Ωであることがわかっています。あとの問いに答えましょう。ただし、抵抗器以外の電気抵抗は考えないものとし、電源の電圧は一定であるものとします。 [宮崎県]

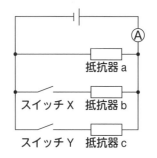

抵抗器 a

スイッチ X　抵抗器 b

スイッチ Y　抵抗器 c

スイッチX	切る	入れる	切る	入れる
スイッチY	切る	切る	入れる	入れる
電流計の値	120 mA	360 mA	200 mA	☐ mA

(1) スイッチ X と Y を両方とも切っているとき、抵抗器 a に加わる電圧は何V ですか。

〔　　　　　　　〕

(2) 表の ☐ に入る数値として適切なものを、次の**ア〜エ**から１つ選びましょう。

ア 320　　イ 440　　ウ 560　　エ 680

〔　　　　　　　〕

2 右の図のように、抵抗の値が20 Ωの抵抗器 a、30 Ωの抵抗器 b、抵抗の値がわからない抵抗器 c をつないだ回路をつくりました。抵抗器 b に加わる電圧を6.0 Vにしたところ、回路全体に流れる電流は0.30 Aでした。抵抗器 c の抵抗の値は何Ωですか。[岐阜県・改]

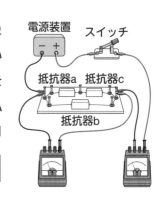

電源装置　スイッチ

抵抗器a　抵抗器c

抵抗器b

〔　　　　　　　〕

😊 ミス注意 **2** 並列回路では、各区間の電圧の大きさは、電源装置の電圧と同じになるんだ。

学習した日 ／ ☐ 😐 もう一度　☐ 😊 バッチリ!

14 電流のはたらき #中2 電気で水の温度を上げよう!

電流には、光や熱を発生させたり、物体を動かしたりするはたらきがあります。電流がもっているこのようなはたらきを**電気エネルギー**といいます。

1秒間あたりに使われる電気エネルギーの大きさを**電力**といいます。電力の単位は**ワット（W）**です。

> **電力〔W〕=電圧〔V〕×電流〔A〕**

水の中に入れた電熱線に電流を流すと、水の温度が上がります。

【電流を流したときの水の温度変化を調べる実験】

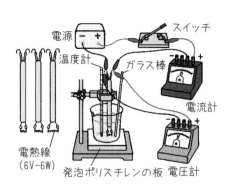

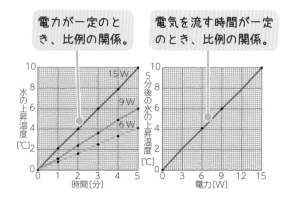

電力が一定のとき、比例の関係。

電気を流す時間が一定のとき、比例の関係。

電熱線に電流を流したときに発生する熱の量を**熱量**といいます。熱量の単位は**ジュール（J）**です。

> **熱量〔J〕=電力〔W〕×時間〔s〕**

電気製品の「100 V 1000 W」という表示は、100 Vの電源につなぐと1000 Wの電力を消費することを示しています。このような電力の表し方を**消費電力**といいます。

ドライヤー　100 V 1200 W

電子レンジ　100 V 750 W

テレビ　100 V 85 W

電気製品に電流を流したときに消費した電気エネルギーの量を**電力量**といいます。電力量の単位は**ジュール（J）**ですが、**ワット時（Wh）**や**キロワット時（kWh）**も使われます。

> **電力量〔J〕=電力〔W〕×時間〔s〕**
> **電力量〔Wh〕=電力〔W〕×時間〔h〕**

【例題】
100 V 1200 Wのドライヤーを
100 Vの電源で100秒使ったときの
電力量は何J？
　　1200 W×100 s=120000 J

「s」は秒、「h」は時間だね。

基本練習

→ 答えは別冊5ページ

1 〔　〕にあてはまる語句を書きましょう。

(1) 電力〔W〕＝ 〔　　　　　　　〕〔V〕× 〔　　　　　　　〕〔A〕

(2) 電力量〔J〕＝ 〔　　　　　　　〕〔W〕× 〔　　　　　　　〕〔s〕

2 右の図のように、電源装置とスイッチ、抵抗器、電流計、電圧計をつなぎました。スイッチを入れたとき、抵抗器の両端の電圧は5.0 V、抵抗器を流れる電流は0.34 Aでした。この抵抗器で消費される電力は何Wか、求めましょう。　　　　　　　　　〔島根県〕

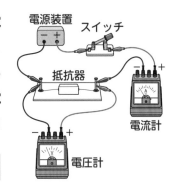

〔　　　　　　　　　　〕

3 消費電力が1200 Wの電子レンジで60秒間加熱する場合、消費する電力量は何Whですか。〔山口県〕

〔　　　　　　　　　　〕

4 熱と電気エネルギーの関係を調べるために、右の図のように電熱線を水の中に入れて電流を流す実験を行いました。このとき、電熱線に4 Vの電圧を加えて、1.5 Aの電流が5分間流れたとすると、発生した熱量は何 J になりますか。〔宮崎県〕

電熱線　　　水

〔　　　　　　　　　　〕

5 電気エネルギーを熱エネルギーへと変換させているものとして適切なものを、次のア〜オから1つ選びましょう。　　　　　　　　　　　　　　　〔岐阜県〕

　　ア　発電機　　イ　化学かいろ　　ウ　電気ストーブ

　　エ　乾電池　　オ　LED電球

〔　　　　　　　　　　〕

😊 ミス注意 **3** 電力量をWhで求めるときは、まず60秒間が何時間になるかを考えよう。

学習した日　　／　　　□ もう一度　□ バッチリ!

15 電流と磁界にはどんな関係があるの？

　磁石による力を**磁力**といい、磁力がはたらく空間を**磁界**といいます。磁界の中で方位磁針のN極が指す向きを**磁界の向き**といいます。電流の向きを逆にすると、電流がつくる磁界の向きも逆になります。

【導線のまわりの磁界】

・導線を中心として、同心円状の磁力線で表される磁界ができる。

・導線に近いほど、また電流が大きいほど、磁界が強くなる。

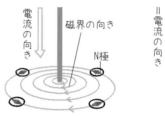
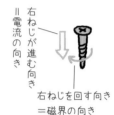

【コイルのまわりの磁界】

・コイルの外側には、棒磁石と同じような磁界ができる。

・コイルの内側には外側とは逆向きでコイルの軸に平行な磁界ができる。

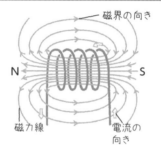
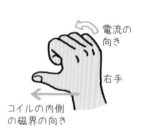

　磁界の中を流れる電流は磁界から力を受けます。電流を大きくしたり、磁界（磁力）の強い磁石に変えたりすると、電流が磁界から受ける力は大きくなります。

【磁界から受ける力の向きを変える方法】

❶電流の向きを逆にする。

❷磁界の向きを逆にする。

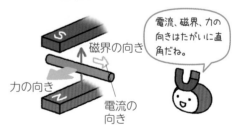

　コイルの中の磁界が変化すると、コイルに電流が流れます。この現象を**電磁誘導**といい、このとき流れる電流を**誘導電流**といいます。磁石を速く動かしたり、磁力の強い磁石に変えたり、巻数の多いコイルに変えたりすると、誘導電流が大きくなります。

【誘導電流の向きを変える方法】

❶磁界の向きを逆向きにする。

❷磁石を動かす向きを逆にする。

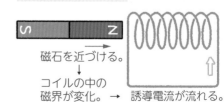

基本練習

→ 答えは別冊5ページ

1 (1)・(3)・(4)はあてはまる語句を書き、(2)は正しいものを○で囲みましょう。

(1) 磁力がはたらく空間を [　　　　　　　　] という。

(2) 磁針の（ N極 ・ S極 ）の指す向きを、磁界の向きという。

(3) コイルの内部の磁界が変化すると、電圧が生じて電流が流れる。この現象

を [　　　　　　　　] という。

(4) (3)のときに流れる電流を [　　　　　　　　] という。

2 電流と磁界の関係について答えましょう。　　　　　　　　　　　[兵庫県]

(1) 厚紙の中央にまっすぐな導線を差しこみ、そのまわりにN極が黒くぬられ
た磁針を**図1**のように置きました。電流を**a→b**の向きに流したときの磁
針が指す向きとして適切なものを、次の**ア～エ**から1つ選びましょう。

図1

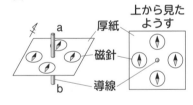

[　　　　　　　]

(2) U字形磁石の間に通した導線に、電流を
a→bの向きに流すと、**図2**の矢印の向き
に導線が動きました。**図3**において、電流
を**b→a**の向きに流したとき、導線はどの
向きに動きますか。**図3**の**ア～エ**から適切
なものを1つ選びましょう。

図2　　　　図3

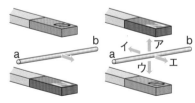

[　　　　　　　]

😊 ミス注意 **2**(2) 電流の向きと磁界の向きの両方が逆になっていることに着目しよう。

学習した日 ／ □ もう一度 □ バッチリ!

16 電流の正体は何？

ちがう種類の物質をたがいに摩擦すると発生して物体にたまった電気を**静電気**といいます。

電気には＋と－があり、同じ種類の電気（＋と＋、－と－）の間にはしりぞけ合う力がはたらき、ちがう種類の電気（＋と－）の間には引き合う力がはたらきます。

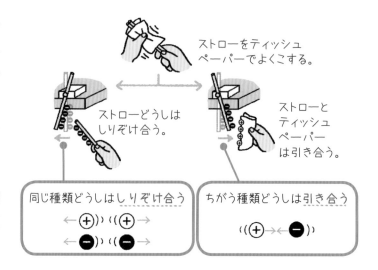

ストローをティッシュペーパーでよくこする。

ストローどうしはしりぞけ合う。

ストローとティッシュペーパーは引き合う。

同じ種類どうしはしりぞけ合う

ちがう種類どうしは引き合う

たまっていた電気が流れ出たり、電気が空間を移動したりする現象を**放電**といいます。放電管などで気体の圧力を小さくした空間に電流が流れる現象を、**真空放電**といいます。真空放電では、－極から＋極に向かって電流のもととなる**電子**が出ています。この電流のもととなる電子の流れを**陰極線**（電子線）といいます。

【蛍光板入り放電管を使った実験】

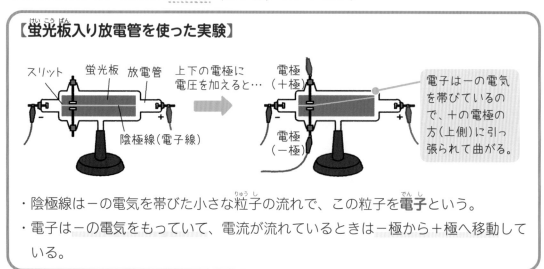

スリット　蛍光板　放電管　上下の電極に電圧を加えると…

陰極線（電子線）

電極（＋極）

電極（－極）

電子は－の電気を帯びているので、＋の電極の方（上側）に引っ張られて曲がる。

・陰極線は－の電気を帯びた小さな粒子の流れで、この粒子を**電子**という。

・電子は－の電気をもっていて、電流が流れているときは－極から＋極へ移動している。

放射線には、**X線**、**α線**、**β線**、**γ線**などがあります。放射線を出す物質を**放射性物質**といい、放射性物質が放射線を出す能力（性質）を**放射能**といいます。放射線は、人工的なもの以外に自然界にも存在し、物質を通りぬける性質や物質を変質させる性質があります。

基本練習

→ 答えは別冊5ページ

1 (1)・(3)はあてはまる語句を書き、(2)は正しいものを○で囲みましょう。

(1) 物体をこすり合わせることによって生じる電気を

〔　　　　　　　　　　　　　〕という。

(2) ＋と－の同じ種類の電気どうしには（　引き合う・しりぞけ合う　）力、
ちがう種類の電気どうしには（　引き合う・しりぞけ合う　）力がはたらく。

(3) 電流の正体は〔　　　　　　　　　　　〕の移動である。

2 電流の実験に関する次の問いに答えましょう。

[愛媛県]

図1
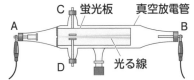

[**実験**]　図1のように、蛍光板を入れた真空
放電管の電極A、B間に高い電圧を加える
と、蛍光板上に光る線が現れた。さらに、
図2のように、電極C、D間にも電圧を加
えると、光る線は電極D側に曲がった。

図2
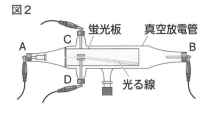

(1) 図1の蛍光板上に現れた光る線は、何と
いう粒子の流れによるものですか。その粒
子の名称を書きましょう。

〔　　　　　　　　　　　　　　　　　〕

(2) 図2の電極A、Cは、それぞれ＋極、－極のいずれになっていますか。＋、
－の記号で書きましょう。

A〔　　　　　〕極　C〔　　　　　〕極

3 放射性物質が、放射線を出す能力のことを何といいますか。その語句を書きま
しょう。

[埼玉県・2023]

〔　　　　　　　　　　　　　　　　　〕

😊 ミス注意 **2** 光る線は陰極線（電子線）とよばれ、－の電気をもっている粒子の流れだよ。

学習した日　／　□ 😊 もう一度　□ 😊 バッチリ!

実戦テスト❷

→ 答えは別冊17ページ

得点 ／100点

1章 物理分野

1

回路に流れる電流について調べました。次の問いに答えなさい。

各10点 [大分県]

[実験] ① 図1の回路のように、電熱線P、Qを並列につなぎ、6Vの電源につなぎ、点X、Yの位置で電流の大きさI_X、I_Yを測定した。表はその結果をまとめたものである。

	I_X	I_Y
電流〔mA〕	800	600

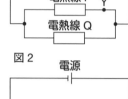

図1

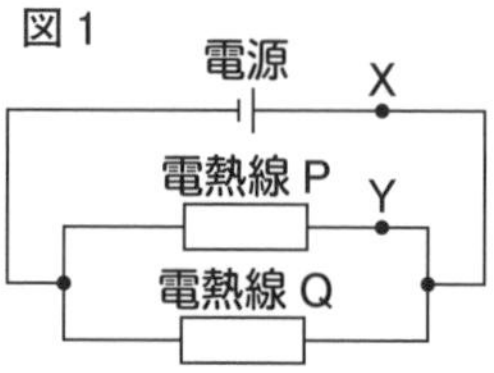

② 図2の回路のように、①と同じ電熱線P、Qを直列につなぎ、6Vの電源につないだ。

図2

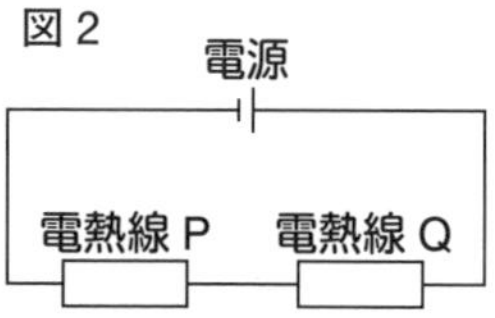

(1) ①で、回路全体の抵抗の大きさは何Ωですか。〔　　　　〕

(2) 次の文の　a　、　b　にあてはまる語句の組み合わせを、下の表の**ア〜エ**から1つ選び、記号で答えなさい。また、　c　にあてはまる数値を求めなさい。

①の回路で消費電力が大きいのは電熱線　a　であり、②の回路で消費電力が大きいのは電熱線　b　である。②の回路で電熱線Qの消費電力は　c　Wとなる。

	ア	イ	ウ	エ
a	P	P	Q	Q
b	P	Q	P	Q

a・b〔　　　　〕　　c〔　　　　　　　　　〕

(3) ②で、3分間6Vの電源につないだとき、回路全体で消費された電力量は何Jですか。

〔　　　　　　　　　〕

2

電気について調べる実験を行いました。次の問いに答えなさい。

各10点 [滋賀県]

[方法] ① 右の図のように、十字板の入った放電管に、誘導コイルで大きな電圧を加える。

② 誘導コイルの＋極と－極を入れかえ同様の実験を行う。

[結果] ①のとき、放電管のガラス壁が黄緑色に光った。また、図のように十字板の影ができた。②のとき、ガラス壁の上部は黄緑色に光ったが、十字板の影はできなかった。

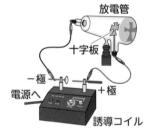

放電管
十字板
－極
電源へ
＋極
誘導コイル

(1) 気体の圧力を小さくした空間に電流が流れる現象を何といいますか。〔　　　　〕

(2) 実験の結果から、電流のもととなる粒子と電流について正しく説明しているものはどれですか。次の**ア〜エ**から1つ選び、記号で答えなさい。　〔　　　　〕

ア 粒子は＋極の電極から－極側に向かい、電流も＋極から－極に流れる。

イ 粒子は＋極の電極から－極側に向かい、電流は－極から＋極に流れる。

ウ 粒子は－極の電極から＋極側に向かい、電流は＋極から－極に流れる。

エ 粒子は－極の電極から＋極側に向かい、電流も－極から＋極に流れる。

3

図1のように、同じ材質のプラスチックででき
ているストローAとストローBをいっしょに
ティッシュペーパーでこすりました。その後、
図2のように、ストローAを洗たくばさみでつ
るしました。図2のストローAに、ストローB
と、こすったティッシュペーパーをそれぞれ近
づけると、電気の力がはたらいて、ストローA
が動きました。図2のストローAが動いたとき
の、ストローAに近づけたものとストローAと
の間にはたらいた力の組み合わせとして適切な
ものを、右のア～エから1つ選び、記号で答え
なさい。　10点 [静岡県]

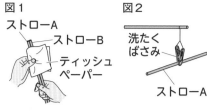

	ストローAに近づけたもの	
	ストローB	ティッシュペーパー
ア	しりぞけ合う力	引き合う力
イ	しりぞけ合う力	しりぞけ合う力
ウ	引き合う力	引き合う力
エ	引き合う力	しりぞけ合う力

4

エナメル線を数回
巻いたコイルをつ
くり、図1のよう
な装置を組みまし
た。コイルに一定
の大きさの電圧を
かけると、端子A
から端子Bの向き
に電流が流れ、コ

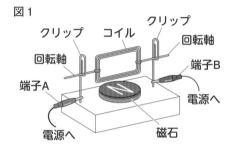

コイルを連続して回転させるため、回転軸に
なる部分の一方は、エナメルを全部はがし、
もう一方は、半分だけはがしている。

イルが連続して回転しました。図2は、図1のコイルを、端子A側から見た模式図
であり、コイルに、端子Aから端子Bの向きに電流が流れると、矢印の向きに力が
はたらくことを示しています。次の問いに答えなさい。　各15点 [山口県]

(1) 電流の向きを、端子Bから端子Aの向きに変えると、コイルにはたらく力の向きは
どのようになりますか。次のア～エから適切なものを1つ選び、記号で答えなさい。

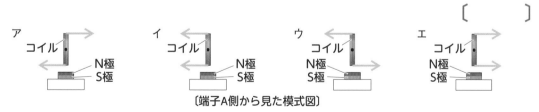

〔端子A側から見た模式図〕

(2) 図1のコイルにはたらく力を大きくする操作として適切なものを、次のア～エから
1つ選び、記号で答えなさい。ただし、コイルにかかる電圧は変わらないものとします。
ア　電気抵抗の大きいエナメル線でつくったコイルに変える。
イ　コイルのエナメル線の巻数を少なくする。
ウ　磁石を裏返してS極を上に向ける。
エ　磁石をより磁力の大きい磁石に変える。

理科の攻略法

 ## 計算問題にひるまない!

理科の計算問題は、実は小学校の算数レベル

　私たちの生活は、理科の内容と密接に関わっています。たとえば、「なぜ月の形は変わるのだろう?」という疑問は、理科の地学分野を学べば解決します。そのほかにも、中学理科では「食べたものはどうなるの?」「電流の正体って何?」など、私たちの身近な疑問を解き明かします。このように、理科は私たちの身近な現象への理解を深めてくれる教科なのです。

　理科には計算問題が出てくることがあります。計算が苦手な人はひるんでしまうかもしれません。しかし、理科で使用する計算は、実は小学校の算数レベルの簡単なものばかりです。だから落ち着いて、問題文をよく読み、問われているのは何かをつかむことが大切です。内容を図表や絵にまとめてみると、イメージしやすくなります。

「計算は小学生レベル」と知っておくだけでも、ちょっと気が楽になるね。

実験は流れをつかむことが大切

実験の問題は、入試でもよく出る

　物理や化学分野で、テストに出やすいのが実験の問題です。入試でもよく出題されるので、くり返し問題を解いて、苦手意識をなくしておきましょう。
　実験で大切なことは、結果だけではありません。
・なぜその実験方法なのか。
・どんな実験器具を使うのか。
・実験器具はどう使うのか。
など、いくつものチェックポイントがあります。だからこそ、入試で出題されやすいのです。

　たとえば、酸素を集める実験では、薄い過酸化水素水と二酸化マンガンを混ぜて発生させた酸素を、水上置換法で集めます。この実験の出題例は、以下のようにたくさんあります。
・何と何を混ぜると酸素が発生するか。
・どのような方法で発生した気体を集めるのか。
・なぜその方法で集めるのか。
このように、実験は、ただ結果が分かればいいのではなく、実験の流れ全体をつかむ必要があるのです。

2 ●章

化学分野

17 メスシリンダー、ガスバーナー #中1
実験器具を正しく使おう!

物質の質量や体積をはかることで、いろいろな物質を見分けることができます。

物質の質量は、**電子てんびん**や**上皿てんびん**を使って調べることができます。

メスシリンダーを使うと、液体の体積をはかることができます。水を入れたメスシリンダーの中に物体を入れ、ふえた体積を求めると物体の体積がわかります。

【メスシリンダーの使い方】

55.5 cm³!

目の位置を液面と同じ高さにする。

液面の平らなところを1目盛りの$\frac{1}{10}$まで目分量で読む。

メスシリンダー

メスシリンダーは水平なところに置く。

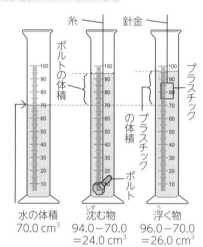

糸　針金

ボルトの体積

プラスチックの体積

プラスチック

ボルト

水の体積	沈む物	浮く物
70.0 cm³	94.0−70.0 =24.0 cm³	96.0−70.0 =26.0 cm³

砂糖や食塩などの白い粉末は、見た目だけでは区別することができません。これらの物質は加熱することによって見分けることができます。物質を加熱するときは、**ガスバーナー**を使います。

【ガスバーナーの操作の順序】

つけるときは「ガス」が先、消すときは「空気」が先だね。

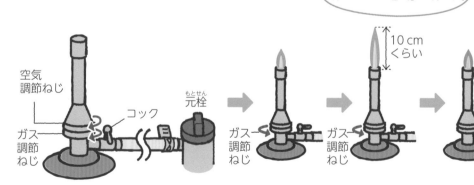

空気調節ねじ

ガス調節ねじ

コック

元栓

10 cmくらい

ガス調節ねじ

ガス調節ねじ

空気調節ねじ

❶2つの調節ねじがしまっているか確認。

❷元栓→コックの順に開く。

❸マッチに火をつけ、ガス調節ねじを開いて点火。

❹ガス調節ねじを回して炎を10cmくらいにする。

❺ガス調節ねじをおさえて、空気調節ねじを開き、青色の炎にする。

火を消すときは、空気調節ねじ→ガス調節ねじ→コック→元栓の順にしめる。

基本練習

→ 答えは別冊6ページ

化学分野

1 ガスバーナーの使い方について、正しいものを○で囲みましょう。

ガスバーナーの火を消すときは、（　ガス・空気　）調節ねじ→

（　ガス・空気　）調節ねじ→コック→元栓の順にしめる。

2 100 mLまで体積を測定することのできるメスシリンダーを用いて、液体75.0 mLをはかりとりました。次の　①　、　②　にあてはまる適切な語句を、①はア～ウから、②はエ～キから1つずつ選びましょう。　　［岐阜県］

はかりとったときの、目盛りを読みとる目の位置は液面　①　であり、メスシリンダーの目盛りと液面のようすを表したものは　②　である。

ア　より低い位置　　イ　と同じ高さ　　ウ　より高い位置

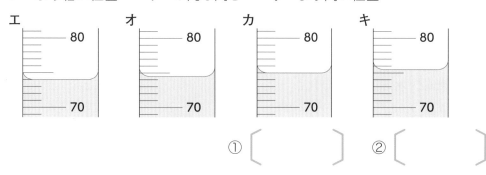

①〔　　　　　　〕　②〔　　　　　　〕

3 次のア～オは、ガスバーナーに火をつけ、炎を調節するときの操作の手順を表しています。正しい順に並べて、その記号を書きましょう。　　［和歌山県］

ア　ガス調節ねじを回して、炎の大きさを調節する。

イ　元栓とコックを開ける。

ウ　ガスマッチ（マッチ）に火をつけ、ガス調節ねじをゆるめてガスに点火する。

エ　ガス調節ねじを動かさないようにして、空気調節ねじを回し、空気の量を調節して青色の炎にする。

オ　ガス調節ねじ、空気調節ねじが軽くしまっていることを確認する。

〔　　　→　　　→　　　→　　　→　　　〕

😊 入試対策 **3** ガスバーナーの使い方はよく出題されるので、火をつけるときだけではなく、火を消すときの手順もしっかり覚えておこう。

学習した日　／　□ もう一度　□ バッチリ！

18 物質の見分け方を知ろう！

金属、有機物・無機物、密度 #中1

物質は、鉄やアルミニウムなどの**金属**と、ガラスやプラスチックなどの金属以外の物質（**非金属**）に分けることができます。金属には、次のような共通する性質があります。

【金属に共通する性質】
❶ みがくと光る（**金属光沢**がある）。
❷ 電気をよく通す。
❸ 熱をよく伝える。
❹ 引っぱると細くのびる（延性）。
❺ たたくと広がる（展性）。

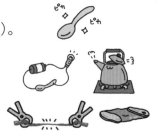

鉄がもつ「磁石に引きつけられる」という性質は、金属共通の性質ではないよ。

砂糖やデンプンのように、炭素をふくむ物質を**有機物**といい、有機物以外の物質を**無機物**といいます。有機物は燃えると二酸化炭素が発生します。有機物の多くは水素もふくんでいるため、水も発生します。

【有機物（炭素をふくむ物質）】
砂糖　デンプン　バター　プラスチック　エタノール
木　紙　ろうそく　プロパン

【無機物（有機物以外の物質）】
食塩　水　ガラス　酸素　炭素　二酸化炭素
鉄　アルミニウム　銅　銀

炭素をふくむが無機物に分類される。

1 cm³あたりの質量を**密度**といいます。密度の単位は**グラム毎立方センチメートル（g/cm³）**です。密度は物質によって決まっているので、物質を区別するときの手がかりになります。

【密度の公式】

$$密度〔g/cm^3〕＝\frac{物質の質量〔g〕}{物質の体積〔cm^3〕}$$

物質の質量＝密度×物質の体積
物質の体積＝物質の質量÷密度

【例題】
① 体積10 cm³のアルミニウムの質量が27 gのとき、アルミニウムの密度は何 g/cm³？

$$\frac{27 g}{10 cm^3}＝2.7 g/cm^3$$

② 密度7.9 g/cm³、体積10 cm³の物質の質量は何g？

$$7.9 g/cm^3×10 cm^3＝79 g$$

050

基本練習

→ 答えは別冊6ページ

1 ［　　　　　］にあてはまる語句を書きましょう。

(1) 物質は、鉄やアルミニウムなどの ［　　　　　　　　　　　］ とそれ以外

の物質である ［　　　　　　　　　　　］ に分けることができる。

(2) 炭素をふくむ物質を ［　　　　　　　　　　　］ といい、それ以外の物質

を ［　　　　　　　　　］ という。

(3) 1 cm^{3}あたりの質量を ［　　　　　　　　　　　］ という。

2 次の文の ［　　　　　］ にあてはまる語句を書きましょう。　　　　　［北海道］

金属をみがくとかがやく性質を金属 ［　　　　　　　　　　　］ という。

3 次の文中の （　　　） の中で正しいものを○で囲みましょう。　　　　［大阪府・改］

アルミニウムは電気を （　よく通し・通さず　）、

磁石に （　引きつけられる・引きつけられない　） 金属である。

4 室温20℃で、エタノールの質量を電子てんびんで測定したところ、27.3 gで
した。エタノールの体積は何cm^{3}ですか。ただし、20℃でのエタノールの密
度を0.79 g/cm^{3}とし、答えは小数第2位を四捨五入し、小数第1位まで求めま
しょう。

　　　　　　　　　　　　　　　　　　　　　　　　　　　　　　　　　［三重県］

〔　　　　　　　　〕

😀 ミス注意 **4** 密度 〔g/cm^3〕＝ $\dfrac{\text{物質の質量 〔g〕}}{\text{物質の体積 〔cm}^3\text{〕}}$ の式から考えよう。

学習した日 ／ □ 🙂 もう一度　□ 😊 バッチリ!

19 「蒸留」ってどんな操作？

状態変化、蒸留　#中1

温度によって物質が固体、液体、気体と状態を変えることを**状態変化**といいます。

【物質の状態変化と粒子の運動のようす】

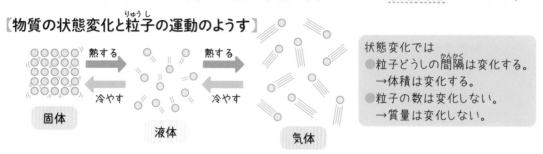

状態変化では
● 粒子どうしの間隔は変化する。
　→体積は変化する。
● 粒子の数は変化しない。
　→質量は変化しない。

固体　　液体　　気体

液体が沸騰して気体に変化するときの温度を**沸点**といい、固体がとけて液体に変化するときの温度を**融点**といいます。沸点も融点も物質の種類によって決まり、物質の量には関係しません。

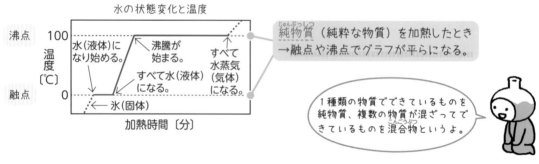

水の状態変化と温度

沸点　100
温度〔℃〕
融点　0

水（液体）になり始める。
沸騰が始まる。
すべて水（液体）になる。
すべて水蒸気（気体）になる。
← 氷（固体）

加熱時間〔分〕

純物質（純粋な物質）を加熱したとき
→融点や沸点でグラフが平らになる。

1種類の物質でできているものを純物質、複数の物質が混ざってできているものを混合物というよ。

液体を加熱して沸騰させ、出てくる蒸気（気体）を冷やして再び液体として集める方法を**蒸留**といいます。蒸留では、混合物にふくまれている物質の沸点のちがいを利用して混合物を分けることができます。

【蒸留の装置】

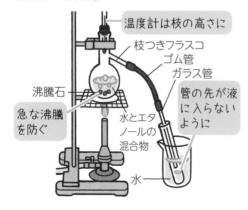

温度計は枝の高さに
枝つきフラスコ
ゴム管
ガラス管
管の先が液に入らないように
沸騰石
急な沸騰を防ぐ
水とエタノールの混合物
水

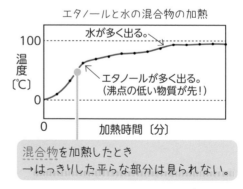

エタノールと水の混合物の加熱

100
温度〔℃〕
0

水が多く出る。
エタノールが多く出る。（沸点の低い物質が先！）

加熱時間〔分〕

混合物を加熱したとき
→はっきりした平らな部分は見られない。

水の沸点：100℃
エタノールの沸点：78℃

052

1 (1)は正しいものを〇で囲み、(2)はあてはまる語句を書きましょう。

(1) 物質が状態変化するとき、（ 粒子の数・粒子どうしの間隔 ）が変化する。

(2) 液体を加熱して沸騰させ、出てくる蒸気を冷やして再び液体としてとり出

すことを ［　　　　　　　］ という。

2 右の表は、4種類の物質A〜Dの融点と沸点
を示したものです。物質の温度が20℃
のとき、液体であるものはどれですか。
A〜Dの記号で答えましょう。[栃木県・改]

［　　　　　　　］

	融点〔℃〕	沸点〔℃〕
物質A	−188	−42
物質B	−115	78
物質C	54	174
物質D	80	218

3 次の実験に関するあとの問いに答えましょう。 [愛媛県・改]

［実験］ 固体の物質X2gを試験管に入れて
おだやかに加熱し、物質Xの温度を1分
ごとに測定した。右の図は、その結果を
表したグラフである。ただし、温度が一
定であった時間の長さをt、そのときの
温度をTと表す。

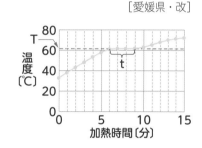

(1) すべての物質Xが、ちょうどとけ終わったのは、加熱時間がおよそ何分のと
きですか。次のア〜エから適切なものを1つ選びましょう。 ［　　　　　　　］

ア 3分　　イ 6分　　ウ 9分　　エ 12分

(2) 実験の物質Xの質量を2倍にして、上の実験と同じ火力で加熱したとき、
時間の長さtと温度Tはそれぞれ、実験と比べてどうなりますか。次のア
〜エから適切なものを1つ選びましょう。

ア tは長くなり、Tは高くなる。　　イ tは長くなり、Tは変わらない。

ウ tは変わらず、Tは高くなる。　　エ tもTも変わらない。

［　　　　　　　］

ミス注意 2 物質の温度（20℃）が融点と沸点の間にあるものをさがそう。

学習した日 ／ □ もう一度 □ バッチリ!

20 気体の集め方・見分け方を知ろう!

気体の集め方には、水上置換法、下方置換法、上方置換法の3つがあります。

【気体の集め方】

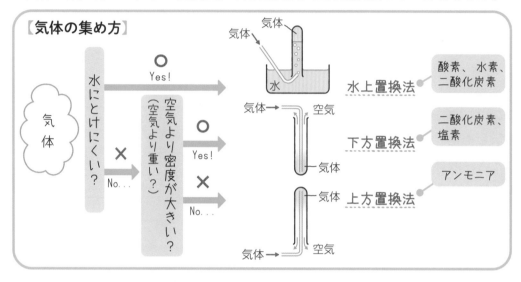

身のまわりの気体の発生方法や性質は、次の表のようにまとめられます。

	酸素	二酸化炭素	アンモニア	水素
発生方法	二酸化マンガンにうすい過酸化水素水を加える。	石灰石にうすい塩酸を加える。	塩化アンモニウムと水酸化カルシウムの混合物を加熱。	鉄や亜鉛などの金属にうすい塩酸を加える。
色	無色	無色	無色	無色
におい	無臭	無臭	刺激臭	無臭
空気と比べた重さ	少し重い	重い	軽い	非常に軽い
水へのとけやすさ	とけにくい	少しとける	非常にとけやすい	とけにくい
気体の集め方	水上置換法	水上置換法 下方置換法	上方置換法	水上置換法
その他の性質	・ものを燃やすはたらきがある。	・石灰水を白くにごらせる。 ・水溶液は酸性。	・水溶液はアルカリ性、赤色リトマス紙を青色にする。	・火をつけると音を立てて燃え、水ができる。

塩素は黄緑色で、刺激臭がある気体だよ。水溶液は酸性で、漂白、殺菌作用があるのが特徴だよ。

窒素は空気中の約78%の体積をしめる気体だよ。水にとけにくい、ほかの物質と反応しにくいのが特徴だよ。

基本練習

→ 答えは別冊6ページ

1 (1)は正しいものを〇で囲み、(2)・(3)は [　　　　] にあてはまる語句を書きましょう。

(1) 上方置換法で集めるのに適した気体は、水に（　とけやすく・とけにくく　）、空気よりも密度が（　大きい・小さい　）気体である。

(2) 鉄や亜鉛などの金属にうすい塩酸を加えると、

[　　　　　　　　　　] が発生する。

(3) 石灰石にうすい塩酸を加えると、[　　　　　　　　　　] が発生する。

2 下の図は、酸素を発生させたときの集め方を示しています。[　　]内に入る最も適切な集め方はどれですか。次のア〜ウから1つ選びましょう。また、その集め方を何といいますか。

[富山県・改]

記号 〔　　　　〕　　　集め方 〔　　　　　〕

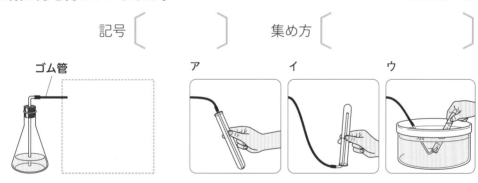

3 二酸化炭素の性質について、正しく述べているものはどれですか。次のア〜エから適切なものを1つ選びましょう。

[栃木県・改]

ア　石灰水を白くにごらせる。

イ　水にとけてアルカリ性を示す。

ウ　燃えやすい気体である。

エ　空気よりも軽い気体である。

〔　　　　〕

😊 **入試対策** 気体は、二酸化炭素、酸素の実験がよく出題されるよ。気体の集め方も確認しておこう。

学習した日 [　／　] □ もう一度 □ バッチリ!

21

水溶液、質量パーセント濃度 #中1

水にとけたものはどうなるの?

すべての物質は、目で見ることができないほど小さな粒子でできています。

砂糖を水に加えると、水が砂糖の粒子と粒子の間に入りこんで粒子がばらばらになり、粒子は水の中に一様に広がります。

粒子が均一に広がるので濃さはどこでも同じになる。 → この状態は時間がたっても変わらない。

水の粒子　砂糖の粒子

砂糖のようにとけている物質を**溶質**、水のように溶質をとかしている液体を**溶媒**といいます。溶質が溶媒にとけた液体全体を**溶液**といい、砂糖水のように溶媒が水である溶液が**水溶液**です。

溶質が溶媒にとけて見えなくなっても、全体の質量は変化しません。

溶質　溶媒　溶液（水溶液）

20 g　100 g　120 g

溶液の質量に対する溶質の質量の割合を、パーセント（%）で表したものを、**質量パーセント濃度**といいます。

$$質量パーセント濃度〔\%〕=\frac{溶質の質量〔g〕}{溶液の質量〔g〕}\times100$$

$$=\frac{溶質の質量〔g〕}{溶質の質量〔g〕+溶媒の質量〔g〕}\times100$$

【例題1】
水80 gに砂糖20 gをとかしたときの質量パーセント濃度は何%？

$$\frac{20\,g}{20\,g+80\,g}\times100=20\%$$

【例題2】
水200 gに砂糖をとかすと、砂糖水の質量パーセント濃度は20%になった。とかした砂糖の質量は何g?

とかした砂糖の質量をxとすると、

$$\frac{x}{x+200\,g}\times100=20$$

$x=50$より、50 g

求めたい質量をxとして、式にあてはめてみよう。

1 次の問いに答えましょう。

(1) 食塩80 gを420 gの水にとかした食塩水の質量パーセント濃度は何％ですか。

〔　　　　　　　〕

(2) 質量パーセント濃度が10％の食塩水200 gをつくるのに、食塩と水は何gずつ必要ですか。

食塩〔　　　　　　　〕　　水〔　　　　　　　〕

2 塩化ナトリウムのとけ方について調べるために次の実験を行いました。あとの問いに答えましょう。　　　　　　　　　　　〔宮崎県・改〕

〔実験〕　① 水100 gが入ったビーカーを用意した。

② ①の水に塩化ナトリウムを入れ、完全にとかした。

③ できた水溶液の質量パーセント濃度を塩分濃度計で測定した。

(1) 実験の結果、塩化ナトリウム水溶液の質量パーセント濃度は4.0％でした。このとき水溶液には塩化ナトリウムが何gとけていますか。ただし、答えは、小数第2位を四捨五入して求めましょう。

〔　　　　　　　〕

(2) 実験でできた塩化ナトリウム水溶液を加熱したときの質量パーセント濃度の変化についても調べ、次のようにまとめました。（　　）に入る適切な語句を○で囲みましょう。

〔まとめ〕　塩化ナトリウム水溶液を加熱していくと、しだいに

（　溶媒・溶質　）の量が減少するため、塩化ナトリウム水溶液の質量パーセント濃度は（　高くなる・低くなる　）。

😊 ミス注意 **2**(1) とけている塩化ナトリウムを x gとして、質量パーセント濃度を求める式に代入して考えよう。

学習した日　／　□ 😐 もう一度　□ 😊 バッチリ!

22 とけたものをとり出そう!

一定量の水にとける物質の量には限度があります。物質が限度までとけている水溶液を**飽和水溶液**といいます。

水100 gにある物質をとかして飽和水溶液にしたとき、とけた物質の質量を**溶解度**といいます。溶解度は、とけた物質の種類によって異なり、水の温度によって変化します。

【溶解度曲線】

水の温度と溶解度の関係を表したグラフ

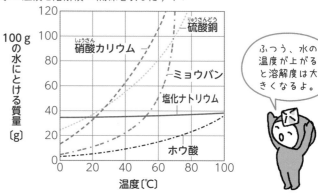

ふつう、水の温度が上がると溶解度は大きくなるよ。

いったん水などの溶媒にとかした物質を、再び結晶としてとり出すことを**再結晶**といいます。

【再結晶の方法】

①水溶液を冷やす…温度によって溶解度の変化が大きい物質(硝酸カリウムなど)

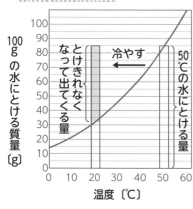

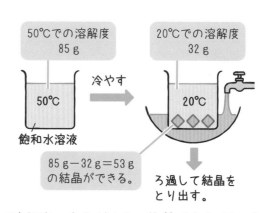

50℃での溶解度 85 g → 冷やす → 20℃での溶解度 32 g

50℃ 飽和水溶液 → 20℃

85 g－32 g＝53 g の結晶ができる。

ろ過して結晶をとり出す。

②水を蒸発させる…温度によって溶解度の変化が小さい物質(塩化ナトリウムなど)

飽和水溶液

蒸発 →

結晶

水の量が減ると、とけることができる物質の量が少なくなるから、結晶が出てくるよ。

基本練習

→ 答えは別冊7ページ

1 □ にあてはまる語句を書きましょう。

(1) 一定量の水に物質が限度までとけている水溶液を

□□□□□□ という。

(2) 水100gに物質をとけるだけとかしたとき、とけた物質の質量を

□□□□□□ という。

2 溶解度のちがいを調べるため、次の実験を行いました。右の図はミョウバンと塩化ナトリウムの溶解度曲線です。あとの問いに答えましょう。　[佐賀県・改]

[実験] ミョウバン、塩化ナトリウムを24gずつはかりとり、それぞれ60℃の水100gにとかした。その後、これらの水溶液を20℃まで冷やした。このときに現れた結晶をろ過し、ろ紙に残った結晶を乾燥させ、質量をはかった。

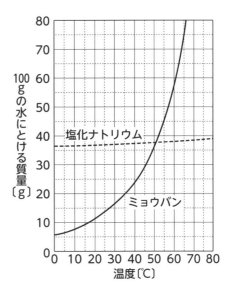

(1) 実験のように、溶解度の差を利用して、一度とかした物質を再び結晶としてとり出すことを何といいますか。

〔　　　　　　　　　　〕

(2) 実験で現れた結晶は何gですか、次のア〜エから適切なものを1つ選びましょう。ただし、結晶はすべて回収できたものとします。

ア　約5g　　イ　約12g　　ウ　約26g　　エ　約46g

〔　　　　〕

😐 ミス注意 **2** (2) 20℃のときの溶解度に注目しよう。

学習した日　／　□ 😐 もう一度　□ 😊 バッチリ！

実戦テスト ③

2章 化学分野

1 下の表は、4種類の物質における、固体がとけて液体に変化するときの温度と、液体が沸騰して気体に変化するときの温度をまとめたものです。次の問いに答えましょう。

各6点 [岐阜県]

	鉄	パルミチン酸	窒素	エタノール
固体がとけて液体に変化するときの温度〔℃〕	1535	63	−210	−115
液体が沸騰して気体に変化するときの温度〔℃〕	2750	360	−196	78

(1) 固体がとけて液体に変化するときの温度を何といいますか。 〔　　　　　〕

(2) 表の4種類の物質のうち、20℃のとき固体の状態にあるものを、次のア～エからすべて選びましょう。

　ア　鉄　　イ　パルミチン酸　　ウ　窒素　　エ　エタノール 〔　　　　　〕

2 下の表は、酸素、二酸化炭素、ある気体Aの性質を表したものです。次の問いに答えましょう。

各8点 [長崎県]

	空気と比べた密度	水へのとけやすさ	その他の性質
酸素（O_2）	少し大きい	とけにくい	☐
二酸化炭素（CO_2）	大きい	少しとける	石灰水を白くにごらせる
気体A	小さい	非常にとけやすい	緑色のBTB溶液を青色に変える

(1) ☐ にあてはまる性質として適切なものを、次のア～エから1つ選びましょう。
　ア　水で湿らせた青色リトマス紙を赤色に変える。
　イ　水で湿らせた赤色リトマス紙を青色に変える。
　ウ　火のついた線香を激しく燃やす。
　エ　火のついた線香の火が消える。 〔　　　　　〕

(2) 気体を発生させる操作を示した次のa～dのうち、二酸化炭素が発生するものをすべて選び、記号で答えましょう。
　a　二酸化マンガンにオキシドールを加える。
　b　亜鉛にうすい塩酸を加える。
　c　水またはお湯の中に発泡入浴剤を入れる。
　d　酸化銅と炭素粉末（活性炭）の混合物を加熱する。 〔　　　　　〕

(3) 気体Aは、塩化アンモニウムに水酸化ナトリウムを加えて水を注ぐと発生します。また、塩化アンモニウムと水酸化カルシウムの混合物を加熱しても、気体Aは発生します。この気体Aを化学式で答えましょう。 〔　　　　　〕

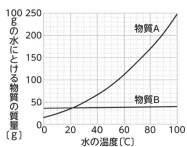

3 水溶液の性質に関する実験を行いました。右の図は物質Aと物質Bの溶解度曲線です。次の問いに答えましょう。　各8点 [富山県]

[実験1]　①　60℃の水200gを入れたビーカーに物質Aを300g加えてよくかき混ぜたところ、とけきれずに残った。

②　ビーカーの水溶液を加熱し、温度を80℃まで上げたところ、すべてとけた。

③　さらに水溶液を加熱し、沸騰させ、水をいくらか蒸発させた。

④　水溶液の温度を30℃まで下げ、出てきた固体をろ過でとり出した。

[実験2]　⑤　新たに用意したビーカーに60℃の水200gを入れ、物質Bをとけるだけ加えて飽和水溶液をつくった。

⑥　⑤の水溶液の温度を20℃まで下げると、物質Bの固体が少し出てきた。

(1)　②で温度を80℃まで上げた水溶液にはあと何gの物質Aをとかすことができますか。図を参考に求めましょう。

〔　　　　　　　　〕

(2)　④において、ろ過でとり出した固体は228gでした。③で蒸発させた水は何gですか。ただし、30℃における物質Aの溶解度は48gです。

〔　　　　　　　　〕

(3)　④のように、一度とかした物質を再び固体としてとり出すことを何といいますか。

〔　　　　　　　　〕

(4)　⑤の水溶液の質量パーセント濃度は何%だと考えられますか。60℃における物質Bの溶解度を39gとして、小数第1位を四捨五入して整数で答えましょう。

〔　　　　　　　　〕

(5)　⑥のような温度を下げる方法では、物質Bの固体は少ししか出てきません。その理由を「温度」、「溶解度」ということばをすべて使って簡単に書きましょう。

〔　　　　　　　　　　　　　　　　　　　　　　　　　　　　　　　　　〕

4 次の□□□は、エタノールを加熱したときの状態変化について述べた文章です。①～③にあてはまるものをア～ウから1つずつ選びましょう。　各8点 [山梨県]

エタノールが液体から気体になると、体積は、①〔ア　大きくなる　イ　小さくなる　ウ　変わらない〕。粒子の大きさは、②〔ア　大きくなる　イ　小さくなる　ウ　変わらない〕。また、粒子の数は、③〔ア　増える　イ　減る　ウ　変わらない〕。

①〔　　　〕　②〔　　　〕　③〔　　　〕

23 物質を熱や電気で分解しよう!

物質の分解 #中2

炭酸水素ナトリウムを加熱すると、炭酸ナトリウムと二酸化炭素、水に変化します。このように、1種類の物質が2種類以上の物質に分かれる化学変化を**分解**といいます。特に、加熱による分解を**熱分解**といいます。

【炭酸水素ナトリウムの熱分解】

$$2NaHCO_3 \rightarrow Na_2CO_3 + CO_2 + H_2O$$

炭酸水素ナトリウム　　炭酸ナトリウム　　二酸化炭素　　水

試験管の口を少し下げる!
→発生した液体が加熱部分に流れないようにするため。

水滴がつく

二酸化炭素

水

加熱をやめる前にガラス管を外に出す!
→水そうの水が試験管に逆流しないようにするため。

●二酸化炭素の性質
石灰水を入れて振ると、石灰水が白くにごる。

●水の性質
塩化コバルト紙につけると、紙の色が青色→赤色(桃色)に変わる。

●炭酸水素ナトリウムの性質
水に入れ、フェノールフタレイン溶液を入れるとうすい赤色になる。
→弱いアルカリ性

●炭酸ナトリウム(加熱後の固体)の性質
水に入れ、フェノールフタレイン溶液を入れると濃い赤色になる。
→強いアルカリ性

電流を流すことで物質を分解することを**電気分解**といいます。

水を電気分解すると、電源装置のー極とつないだ**陰極**から**水素**、＋極とつないだ**陽極**から**酸素**が発生します。このとき、発生した水素の体積は酸素の体積の2倍になります。

$$2H_2O \rightarrow 2H_2 + O_2$$

水　　水素　　酸素

【水の電気分解】

…電流を流れやすくするため、うすい水酸化ナトリウム水溶液を使う。

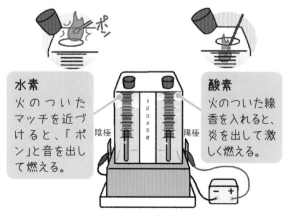

水素
火のついたマッチを近づけると、「ポン」と音を出して燃える。

酸素
火のついた線香を入れると、炎を出して激しく燃える。

陰極　陽極

基本練習

→ 答えは別冊7ページ

1 ☐ にあてはまる語句を書きましょう。

1種類の物質が2種類以上の物質に分かれる化学変化を

☐ という。

2 右の図のような実験装置をつくり、炭酸水素ナトリウムを加熱して気体を発生させる実験を行いました。あとの問いに答えましょう。　[高知県]

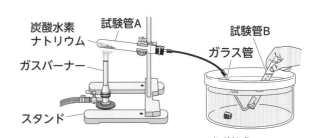

炭酸水素ナトリウム　試験管A　ガスバーナー　スタンド　試験管B　ガラス管

(1) 炭酸水素ナトリウムを加熱して発生した気体は何ですか、化学式（かがくしき）で書きましょう。

[　　　　　]

(2) この実験では、図のように試験管Aの口を少し下げておく必要があります。試験管Aの口を下げておく理由を、簡潔に書きましょう。

[　　　　　]

3 水酸化ナトリウムをとかした水を装置上部まで満たして電気分解し、図のように気体が集まったところで実験を終了しました。陰極で発生した気体の性質として適切なものを、次のア〜エから1つ選びましょう。　[茨城県]

電源装置

(−)　(+)

陰極　陽極

ア　赤インクをつけたろ紙を近づけるとインクの色が消える。

イ　マッチの火を近づけると音を立てて気体が燃える。

ウ　水でぬらした青色リトマス紙をかざすと赤色になる。

エ　火のついた線香を入れると線香が激しく燃える。

[　　　　　]

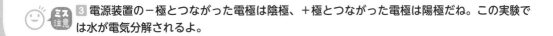

ミス注意 ③電源装置の−極とつながった電極は陰極、＋極とつながった電極は陽極だね。この実験では水が電気分解されるよ。

学習した日　／　□ もう一度　□ バッチリ!

24 物質は何からできているの?

原子・分子、物質の表し方 #中2

物質をつくっている最小の粒子を**原子**といいます。

原子の種類を**元素**といい、元素を表すための記号を**元素記号**といいます。この元素記号と数字を使って物質を表したものを**化学式**といいます。

原子は、化学変化によってそれ以上分けることができないよ。

いくつかの原子が結びついてできた粒子を**分子**といいます。分子は、物質の性質を示す最小の単位です。物質の中には、分子をつくるものとつくらないものがあります。

物質は、**純物質**(純粋な物質)と**混合物**に分けられます。純物質はさらに、**単体**と**化合物**に分かれます。

【物質の分類】

- 物質
  - 純物質
    1種類の物質でできている。
    - 単体
      1種類の元素でできている。
    - 化合物
      2種類以上の元素でできている。
  - 混合物
    複数の物質が混ざり合う。(空気、塩酸など)

【おもな物質の化学式】

	単体	化合物
分子をつくる	H_2(水素)、O_2(酸素)、N_2(窒素)、Cl_2(塩素)	CO_2(二酸化炭素)、H_2O(水)、NH_3(アンモニア)
分子をつくらない	C(炭素)、Na(ナトリウム)、Mg(マグネシウム)、Cu(銅)、Zn(亜鉛)、Fe(鉄)、Ag(銀)	NaCl(塩化ナトリウム)、CuO(酸化銅)、Ag_2O(酸化銀)、FeS(硫化鉄)、MgO(酸化マグネシウム)

化学変化を化学式で表したものを**化学反応式**といいます。

【化学反応式の書き方】 水素と酸素から水ができる化学変化

①「反応前→反応後」の物質名を書く。	水素 + 酸素 → 水
②それぞれの物質を化学式で書く。	H_2 + O_2 → H_2O ⒣⒣ + ◎◎ → ⒣○⒣
③それぞれの原子の数が「→」の左右で同じになるように、原子の数を調整する。	⒣⒣ ⒣⒣ + ◎◎ → ⒣○⒣ ⒣○⒣
④化学式の前に係数を書く。	$2H_2$ + O_2 → $2H_2O$

係数が1のときは、係数を省略しよう。

基本練習

→ 答えは別冊7ページ

1 ◯ にあてはまる語句を書きましょう。

(1) 物質をつくっている最も小さい粒子を ◯ という。

(2) 物質の性質を示す最小の粒子を ◯ という。

(3) 1種類の元素からできている物質を ◯ 、2種類以

上の元素でできている物質を ◯ という。

2 水素と酸素とが反応して水ができる化学変化の化学反応式は、

$2H_2 + O_2 \rightarrow 2H_2O$ で表されます。この化学変化をモデルで表したも

のとして適切なものを次のア～エから1つ選びましょう。　　　　[大阪府]

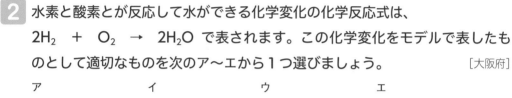

[　　　]

3 次の化学反応式は、炭酸カルシウムと塩酸の反応を表したものです。 ①

にあてはまる数字と、 ② にあてはまる化学式を書きましょう。　　[大分県]

$CaCO_3 + $ ① $ HCl \rightarrow CaCl_2 + H_2O + $ ②

① [　　　]　　② [　　　]

4 次のア～エから単体を1つ選びましょう。　　　　　　　　　　[静岡県]

ア　酸素　　イ　水　　ウ　硫化鉄　　エ　塩酸　　[　　　]

😊 **ミス注意** **2** 酸素分子は酸素原子が2個結びついたもので、水素分子は水素原子が2個結びついたものだよ。

学習した日　／　☐ もう一度　☐ バッチリ!

25 化学変化にはどんなものがある？

さまざまな化学変化　#中2

硫黄は、いろいろな物質と反応しやすい性質をもっています。鉄と硫黄が結びつくと**硫化鉄**という物質になります。銅と硫黄が結びつくと、硫化銅という物質になります。

【硫黄と結びつく反応】

鉄と硫黄の反応	Fe + S → FeS 鉄　　硫黄　　硫化鉄	銅と硫黄の反応	Cu + S → CuS 銅　　硫黄　　硫化銅

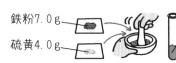

鉄粉7.0g
硫黄4.0g

鉄粉と硫黄の粉末を混ぜたもの（混合物）

混合物の上部を加熱する。

上の部分が赤くなったら、加熱をやめる。

	加熱前（鉄と硫黄の混合物）	加熱後（硫化鉄）
磁石を近づける	磁石につく。	磁石につかない。
うすい塩酸を入れる	においのない気体（水素）が発生。	においのある気体（硫化水素）が発生。

物質が酸素と結びつく化学変化を**酸化**といい、酸化によってできた物質を**酸化物**といいます。熱や光を出しながら激しく酸化することを**燃焼**といいます。

酸化物が酸素を失う化学変化を**還元**といいます。酸化と還元は同時に起こります。

【酸化・還元】

炭素の燃焼	C + O_2 → CO_2 炭素　　酸素　　　二酸化炭素
銅の酸化	$2Cu + O_2$ → $2CuO$ 銅　　酸素　　　　酸化銅
酸化銅の還元	$2CuO + C$ → $2Cu + CO_2$ 酸化銅　炭素　　　　銅　二酸化炭素

熱を発生する化学変化を**発熱反応**、熱を吸収する化学変化を**吸熱反応**といいます。

【発熱反応・吸熱反応】

発熱反応の例	・鉄と硫黄が結びつく反応 ・化学かいろ（鉄の酸化）
吸熱反応の例	水酸化バリウムと塩化アンモニウムの反応

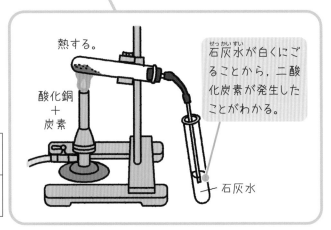

熱する。

酸化銅 + 炭素

石灰水が白くにごることから，二酸化炭素が発生したことがわかる。

石灰水

1 いろいろな化学変化について、正しいものを〇で囲みましょう。

(1) 物質が酸素と結びつく化学変化を （ 酸化・還元 ）、酸化物が酸素を失う化学変化を （ 酸化・還元 ） という。

(2) 熱を発生する化学変化を （ 発熱・吸熱 ） 反応、熱を吸収する化学変化を （ 発熱・吸熱 ） 反応という。

2 化学変化に関する次の問いに答えましょう。　　　　　　　　[愛媛県・改]

［実験］ 黒色の酸化銅と炭素の粉末をよく混ぜ合わせた。これを右の図のように、試験管Pに入れて加熱すると、気体が発生して液体Yが白くにごり、試験管Pの中に赤色の物質ができた。試験管Pが冷めてから、この赤色の物質をとり出し、性質を調べた。

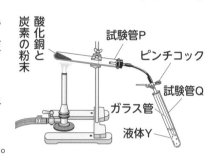

(1) 次の文の （　　） に入る適切な語句を〇で囲みましょう。

　下線部の赤色の物質を薬さじでこすると、金属光沢（きんぞくこうたく）が見られた。また、赤色の物質には、① （ 磁石につく・電気をよく通す ） という性質も見られた。これらのことから、赤色の物質は、酸化銅が炭素により② （ 酸化・還元 ） されてできた銅であると確認できた。

(2) 液体Yが白くにごったことから、発生した気体は二酸化炭素であるとわかりました。液体Yとして適切なものを次のア～エから1つ選びましょう。

ア　食酢　　　イ　オキシドール
ウ　石灰水　　エ　エタノール

　　　　　　　　　　　　　　　　　　　　〔　　　　　〕

(3) 酸化銅と炭素が反応して銅と二酸化炭素ができる化学変化を、化学反応式で表すとどうなりますか。次の化学反応式を完成させましょう。

$2CuO$ ＋ C → 〔　　　　　　　　　〕

ミス注意 **2**(1) 酸化銅から酸素がうばわれて金属の銅になるね。①には金属に共通する性質が入るよ。

26 化学変化に決まりがあるの？

化学変化の前後で、その化学変化に関係している物質全体の質量は変わりません。これを**質量保存の法則**といいます。化学変化において、原子の組み合わせは変化しますが、原子の種類と数は変化しません。

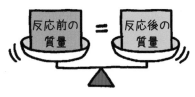

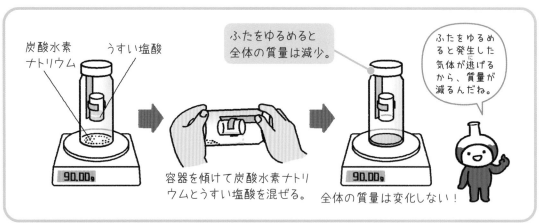

炭酸水素ナトリウム　うすい塩酸

ふたをゆるめると全体の質量は減少。

ふたをゆるめると発生した気体が逃げるから、質量が減るんだね。

90.00g

容器を傾けて炭酸水素ナトリウムとうすい塩酸を混ぜる。

90.00g

全体の質量は変化しない！

質量保存の法則を使えば、化学変化によってできた物質の質量を知ることができます。また、反応する物質どうしの質量の割合は、物質の組み合わせによって一定です。

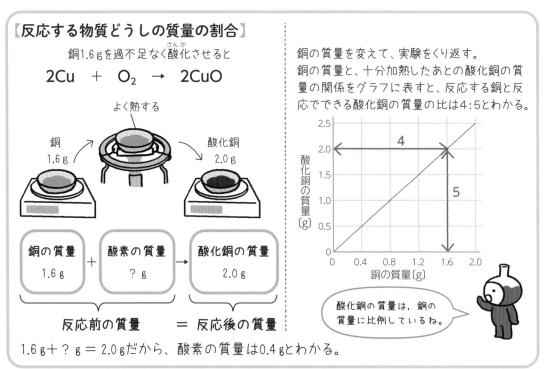

【反応する物質どうしの質量の割合】

銅1.6gを過不足なく酸化させると

$$2Cu + O_2 \rightarrow 2CuO$$

よく熱する

銅
1.6g

酸化銅
2.0g

| 銅の質量 1.6g | + | 酸素の質量 ?g | 酸化銅の質量 2.0g |

反応前の質量 ＝ 反応後の質量

銅の質量を変えて、実験をくり返す。
銅の質量と、十分加熱したあとの酸化銅の質量の関係をグラフに表すと、反応する銅と反応でできる酸化銅の質量の比は4:5とわかる。

酸化銅の質量〔g〕
銅の質量〔g〕

酸化銅の質量は、銅の質量に比例しているね。

1.6g＋？g＝2.0gだから、酸素の質量は0.4gとわかる。

068

→ 答えは別冊8ページ

1 ☐ にあてはまる語句を書きましょう。

化学変化の前後で、化学変化に関係する物質全体の質量は変わらない。これを

☐ の法則という。

2 次の実験について、あとの問いに答えましょう。

[岐阜県・改]

[**実験**] 右の図のように、ステンレス皿に銅の粉末 0.60 gを入れ、質量が変化しなくなるまで十分に 加熱したところ、黒色の酸化銅が0.75 gできた。 銅の粉末の質量を、0.80 g、1.00 g、1.20 g、1.40 g と変えて同じ実験を行った。表は、その結果をま とめたものである。

ステンレス皿
銅の粉末

銅の粉末の質量〔g〕	0.60	0.80	1.00	1.20	1.40
酸化銅の質量〔g〕	0.75	1.00	1.25	1.50	1.75

(1) 表をもとに、銅の粉末の質量と結びつ いた酸素の質量の関係をグラフにかき ましょう。なお、グラフの縦軸には適 切な数値を書きましょう。

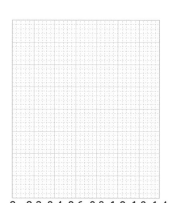

結びついた酸素の質量〔g〕

0 0.2 0.4 0.6 0.8 1.0 1.2 1.4
銅の粉末の質量〔g〕

(2) 実験で、銅の粉末0.90 gを質量が変化 しなくなるまで十分に加熱すると、酸 化銅は何gできますか。小数第3位を四 捨五入して、小数第2位まで書きましょ う。

[   ]

😊 ミス 注意 **2** (1) 結びついた酸素の質量〔g〕＝酸化銅の質量〔g〕－銅の粉末の質量〔g〕

学習した日 ／ ☐ 🙁 もう一度 ☐ 😊 バッチリ!

水溶液に電流が流れるのはなぜ？

水にとかしたときに電流が流れる物質を**電解質**、水にとかしても電流が流れない物質を**非電解質**といいます。

電解質の例…塩化銅、塩化水素、塩化ナトリウムなど
非電解質の例…砂糖、エタノールなど

電解質の水溶液に電流を流すと、とけている物質を電気分解することができます。

原子は、**原子核**と**電子**からできています。原子核は原子の中心にあり、**陽子**と**中性子**からできています。

同じ元素でも中性子の数の異なる原子どうしのことを同位体とよぶよ。

【塩化銅水溶液の電気分解】 $CuCl_2 \rightarrow Cu + Cl_2$
　　　　　　　　　　　　　　塩化銅　銅　塩素

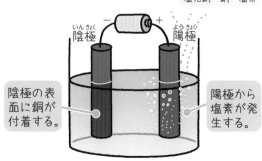

陰極 陽極

陰極の表面に銅が付着する。

陽極から塩素が発生する。

【原子の構造】 （例：ヘリウム原子）

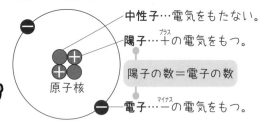

中性子…電気をもたない。
陽子…＋の電気をもつ。
陽子の数＝電子の数
電子…－の電気をもつ。

原子核

原子または原子の集団が電気を帯びたものを**イオン**といいます。原子が電子を失って＋の電気を帯びたものを**陽イオン**、原子が電子を受けとって－の電気を帯びたものを**陰イオン**といいます。

【陽イオン】　＋の電気を帯びたイオン。

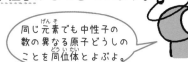

Na　　Na　　Na
原子　電子を失う。　陽イオン

H^+（水素イオン）、Na^+（ナトリウムイオン）、NH_4^+（アンモニウムイオン）、Zn^{2+}（亜鉛イオン）、Cu^{2+}（銅イオン）、Mg^{2+}（マグネシウムイオン）など

【陰イオン】　－の電気を帯びたイオン。

Cl　　Cl　　Cl
原子　電子を受けとる。陰イオン

Cl^-（塩化物イオン）、OH^-（水酸化物イオン）、NO_3^-（硝酸イオン）、S^{2-}（硫化物イオン）、CO_3^{2-}（炭酸イオン）、SO_4^{2-}（硫酸イオン）など

電解質は、水にとけると陽イオンと陰イオンに分かれます。これを**電離**といいます。

塩化水素の電離	HCl　→　H^+　+　Cl^-
	塩化水素　　水素イオン　　塩化物イオン
水酸化ナトリウムの電離	$NaOH$　→　Na^+　+　OH^-
	水酸化ナトリウム　ナトリウムイオン　水酸化物イオン
塩化銅の電離	$CuCl_2$　→　Cu^{2+}　+　$2Cl^-$
	塩化銅　　　銅イオン　　　塩化物イオン

基本練習

→ 答えは別冊8ページ

1 にあてはまる語句を書きましょう。

(1) 水にとかしたときに電流が流れる物質を [ ] とい

う。

(2) (1)が水にとけて陽イオンと陰イオンに分かれることを

[ ] という。

2 陽子、中性子、電子それぞれ2つずつからできているヘリウム原子の構造を模

式的に表した図として適切なものを、次のア〜エから1つ選びましょう。

[和歌山県]

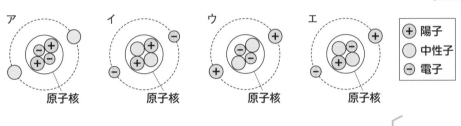

[ ]

3 次の文は陽イオンと陰イオンのでき方について述べたものです。文中の（　）

に入る適切な語句を〇で囲みましょう。　　　　　　　　　　　　　　　[佐賀県・改]

　原子は、（　＋・－　）の電気をもつ電子を受けとったり、放出したりする

ことがある。電子を（　受けとる・放出する　）と、＋の電気を帯びた陽イオ

ンになる。電子を（　受けとる・放出する　）と－の電気を帯びた陰イオンに

なる。

4 水溶液中で塩化銅が電離しているようすを化学式（かがくしき）で表しましょう。　　[富山県]

[ ]

😊 入試対策 **4** 塩化銅の電離を表す式は、小問としてよく出題されるので、しっかり覚えておこう。

学習した日　／　□ もう一度　□ バッチリ!

28 「ダニエル電池」ってどんな電池?

金属は、種類によってイオンへのなりやすさがちがいます。

下の表のような水溶液と金属板の反応を調べてみると、金属板の元素が水溶液中の陽イオンよりもイオンになりやすい場合にだけ変化が起こります。

イオンへのなりやすさ
$Mg > Zn > Cu$

マグネシウムは銅よりもイオンになりやすいから、マグネシウム原子はマグネシウムイオンになり、銅イオンは銅原子になるよ。

【水溶液と金属の反応】 e^-は電子1個を表す。

水溶液 / 金属板	$MgSO_4$ 硫酸マグネシウム水溶液	$ZnSO_4$ 硫酸亜鉛水溶液	$CuSO_4$ 硫酸銅水溶液
Mg マグネシウム板	—	$Mg \rightarrow Mg^{2+} + 2e^-$ $Zn^{2+} + 2e^- \rightarrow Zn$	$Mg \rightarrow Mg^{2+} + 2e^-$ $Cu^{2+} + 2e^- \rightarrow Cu$
Zn 亜鉛板	変化しない	—	$Zn \rightarrow Zn^{2+} + 2e^-$ $Cu^{2+} + 2e^- \rightarrow Cu$
Cu 銅板	変化しない	変化しない	—

化学変化を利用して、物質がもつ化学エネルギーを電気エネルギーに変換してとり出す装置を**電池（化学電池）**といいます。

下の図のような電池を**ダニエル電池**といいます。イオンになりやすい亜鉛板が**−極**、イオンになりにくい銅板が**＋極**になります。

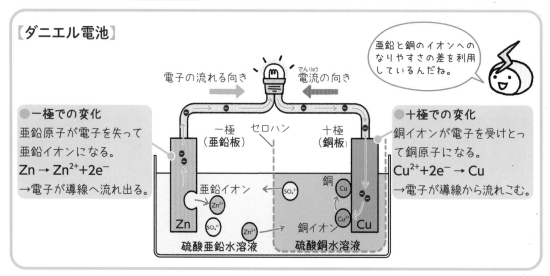

【ダニエル電池】

亜鉛と銅のイオンへのなりやすさの差を利用しているんだね。

電子の流れる向き　　電流の向き

●**−極での変化**
亜鉛原子が電子を失って亜鉛イオンになる。
$Zn \rightarrow Zn^{2+} + 2e^-$
→電子が導線へ流れ出る。

−極（亜鉛板）　セロハン　＋極（銅板）

●**＋極での変化**
銅イオンが電子を受けとって銅原子になる。
$Cu^{2+} + 2e^- \rightarrow Cu$
→電子が導線から流れこむ。

亜鉛イオン　SO_4^{2-}　銅　Cu
Zn　Zn^{2+}　SO_4^{2-}　Zn^{2+}　銅イオン　Cu^{2+}　Cu
硫酸亜鉛水溶液　　硫酸銅水溶液

1 (1)・(2)は正しいものを〇で囲み、(3)はあてはまる語句を書きましょう。

(1) 亜鉛と銅を比べると（　亜鉛・銅　）の方がイオンになりやすい。

(2) 亜鉛とマグネシウムを比べると（　亜鉛・マグネシウム　）の方がイオンになりやすい。

(3) 電池は、化学変化を利用して、物質のもつ [　　　　　　　] エネルギーを [　　　　　　　] エネルギーに変換する装置である。

2 右の図のように、ダニエル電池用水そうの内部をセロハンで仕切り、亜鉛板を硫酸亜鉛水溶液に、銅板を硫酸銅水溶液に入れ、亜鉛板と銅板をプロペラつき光電池用モーターにつなぐと、プロペラが回転しました。次の問いに答えましょう。　[高知県・改]

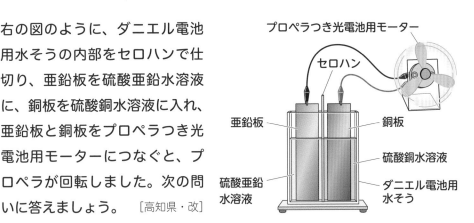

プロペラつき光電池用モーター

セロハン

亜鉛板

銅板

硫酸銅水溶液

硫酸亜鉛水溶液

ダニエル電池用水そう

(1) プロペラが回転しているときに亜鉛板の表面で起こっている化学変化を、化学反応式(かがくはんのうしき)で書きましょう。ただし、電子はe^-を使って表すものとします。

$$\left[\right]$$

(2) 次の文の（　）に入る適切な語句を〇で囲みましょう。

ダニエル電池の＋極は（　亜鉛板・銅板　）、−極は（　亜鉛板・銅板　）で、電子は（　亜鉛板から銅板・銅板から亜鉛板　）へ向かって移動する。

ミス注意 **2**(2) 電子の移動の向きは、電流の向きとは逆向きになることに気をつけよう。

学習した日　／　□もう一度　□バッチリ!

29 水溶液の性質を調べよう!

酸性やアルカリ性の水溶液には、それぞれに共通する性質があります。

	酸性 （塩酸など）	中性 （塩化ナトリウム水溶液、 砂糖水など）	アルカリ性 （水酸化ナトリウム水溶液など）
pH	7より小さい	7	7より大きい
青色リトマス紙	赤色に変化する。	変化しない。	変化しない。
赤色リトマス紙	変化しない。	変化しない。	青色に変化する。
BTB溶液	黄色	緑色	青色
フェノールフタレイン溶液	無色のまま。	無色のまま。	赤色になる。
マグネシウムリボンの反応	水素が発生する。	変化しない。	変化しない。
電圧を加えたときのようす	電流が流れる。	塩化ナトリウム水溶液 …電流が流れる。 砂糖水 …電流が流れない。	電流が流れる。

酸性やアルカリ性の水溶液はすべて電解質だから、電流が流れるんだ。

水溶液中で電離して、**水素イオン（H$^+$）を生じる物質を酸**といいます。酸性の水溶液に共通する性質は**水素イオン**によるものです。

水溶液中で電離して、**水酸化物イオン（OH$^-$）を生じる物質をアルカリ**といいます。アルカリ性の水溶液に共通する性質は**水酸化物イオン**によるものです。

【酸の正体】

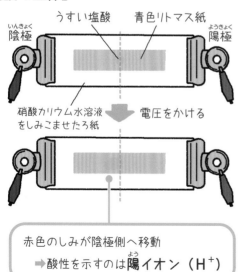

陰極　うすい塩酸　青色リトマス紙　陽極
硝酸カリウム水溶液をしみこませたろ紙　電圧をかける
赤色のしみが陰極側へ移動
➡酸性を示すのは**陽イオン（H$^+$）**

【アルカリの正体】

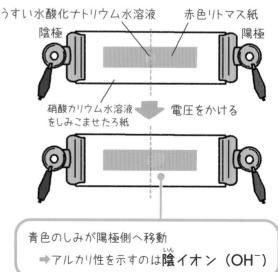

陰極　うすい水酸化ナトリウム水溶液　赤色リトマス紙　陽極
硝酸カリウム水溶液をしみこませたろ紙　電圧をかける
青色のしみが陽極側へ移動
➡アルカリ性を示すのは**陰イオン（OH$^-$）**

基本練習

→ 答えは別冊9ページ

1 ⑴・⑷は正しいものを〇で囲み、⑵・⑶はあてはまる語句を書きましょう。

⑴ BTB溶液は（ 酸性・中性・アルカリ性 ）で黄色、
（ 酸性・中性・アルカリ性 ）で緑色、（ 酸性・中性・アルカリ性 ）で
青色になる。

⑵ 水にとけて電離し、水素イオンを生じる物質を

　　　　　　　　　　　　　という。

⑶ 水にとけて電離し、水酸化物イオンを生じる物質を

　　　　　　　　　　　　　という。

⑷ pHが7より小さい水溶液は（ 酸性・アルカリ性 ）である。

2 右の図のように、電流を流れやすくするた
めに中性の水溶液をしみこませたろ紙の上
に、青色リトマス紙A、Bと赤色リトマス
紙C、Dを置いたあと、うすい水酸化ナト
リウム水溶液をしみこませた糸を置いて、
電圧を加えた。しばらくすると、赤色リト
マス紙Dだけ色が変化し、青色になった。
次の文の（　　）に入る適切な語句を〇で囲みましょう。

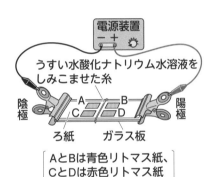

〔愛媛県・改〕

　赤色リトマス紙の色が変化したので、水酸化ナトリウム水溶液はアルカリ性
を示す原因となるものをふくんでいることがわかる。

　また、赤色リトマス紙は陽極側で色が変化したので、色を変化させたものは
（ 陽イオン・陰イオン ）であることがわかる。

　これらのことから、アルカリ性を示す原因となるものは
（ ナトリウムイオン・水酸化物イオン ）であると確認できる。

😊 **ミス注意** 2 青色に変色した部分は陽極側に広がったので、赤色リトマス紙を青色に変色させたイオン
は、陽極に引きつけられたことがわかるね。

学習した日　　／　　□ 😊 もう一度　□ 😊 バッチリ!

1章
2章 化学分野
3章
4章
模試

30 中和 #中3
酸とアルカリを混ぜよう！

　酸性の水溶液とアルカリ性の水溶液を混ぜ合わせると、たがいの性質を打ち消し合います。この反応を**中和**といいます。

　中和では、水素イオンと水酸化物イオンが結びついて**水**ができ、酸の陰イオンとアルカリの陽イオンが結びついて**塩**ができます。

$$H^+ + OH^- \rightarrow H_2O$$
水素イオン　水酸化物イオン　　水

【塩酸と水酸化ナトリウム水溶液の中和】

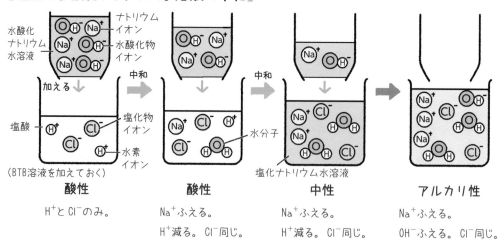

酸性	酸性	中性	アルカリ性
H^+とCl^-のみ。	Na^+ふえる。	Na^+ふえる。	Na^+ふえる。
	H^+減る。Cl^-同じ。	H^+減る。Cl^-同じ。	OH^-ふえる。Cl^-同じ。

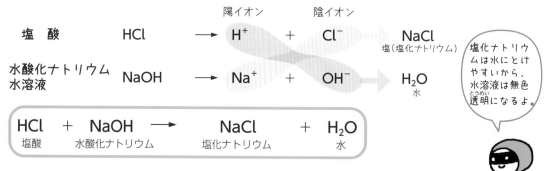

		陽イオン	陰イオン	
塩　酸	HCl	$\rightarrow$ H^+	$+$　Cl^-	NaCl 塩（塩化ナトリウム）
水酸化ナトリウム水溶液	NaOH	$\rightarrow$ Na^+	$+$　OH^-	H_2O 水

塩化ナトリウムは水にとけやすいから、水溶液は無色透明になるよ。

$$HCl + NaOH \longrightarrow NaCl + H_2O$$
塩酸　　水酸化ナトリウム　　塩化ナトリウム　　水

【硫酸と水酸化バリウム水溶液の中和】

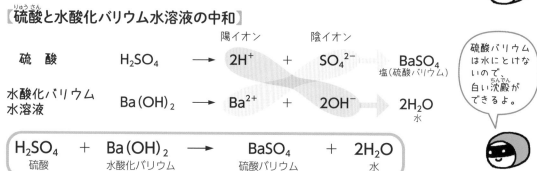

		陽イオン	陰イオン	
硫　酸	H_2SO_4	$\rightarrow$ $2H^+$	$+$　SO_4^{2-}	$BaSO_4$ 塩（硫酸バリウム）
水酸化バリウム水溶液	$Ba(OH)_2$	$\rightarrow$ Ba^{2+}	$+$　$2OH^-$	$2H_2O$ 水

硫酸バリウムは水にとけないので、白い沈殿ができるよ。

$$H_2SO_4 + Ba(OH)_2 \longrightarrow BaSO_4 + 2H_2O$$
硫酸　　水酸化バリウム　　硫酸バリウム　　水

1　□にあてはまる語句を書きましょう。

水素イオンと水酸化物イオンが結びついて水になり、たがいの性質を打ち消し合う反応を　□　という。

2　酸の陰イオンとアルカリの陽イオンが結びついてできた物質を何といいますか。

〔栃木県〕

[　　　　　　　　　]

3　硫酸に水酸化バリウム水溶液を加えたときの変化を、化学反応式（か がく はん のう しき）で書きましょう。

〔大分県〕

[　　　　　　　　　　　　　　　　　　　　　　　　]

4　うすい水酸化ナトリウム水溶液を入れたビーカーにフェノールフタレイン溶液を数滴（てき）加え、ガラス棒でよくかき混ぜながら、うすい塩酸を少しずつ加えていき、ビーカー内の水溶液の色を観察しました。このとき、うすい塩酸を5 mL加えたところでビーカー内の水溶液が無色に変化し、その後うすい塩酸を合計10 mLになるまで加えましたが、水溶液は無色のままでした。うすい塩酸を加え始めてから10 mL加えるまでの、ビーカー内の水溶液にふくまれるイオンの数の変化についての説明として適切なものを次のア～エから1つ選びましょう。

[神奈川県]

ア　水素イオンの数は、増加したのち、一定になった。
イ　水酸化物イオンの数は、減少したのち、増加した。
ウ　塩化物イオンの数は、はじめは一定で、やがて増加した。
エ　ナトリウムイオンの数は、常に一定だった。

[　　　　　　　　]

😊 ミス注意　4 うすい塩酸を5 mL加えるまで、水溶液はアルカリ性だよ。うすい塩酸を5 mL加えたとき、水溶液は中性になって、そのあと水溶液は酸性になるね。

学習した日　／　□もう一度　□バッチリ!

実戦テスト④

→ 答えは別冊18ページ

得点

／100点

😊 化学分野

1

物質の変化を調べるために、次の実験を行いました。あとの問いに答えましょう。

各8点 [高知県]

[実験]　操作1　鉄粉3.5 gと硫黄2.0 gを混ぜ合わせた混合物を2つつくり、試験管A、試験管Bにそれぞれ入れた。

操作2　試験管Aの口を脱脂綿で閉じたあと、図1のように、混合物の上部を加熱した。試験管Aの混合物の上部が赤くなったら加熱をやめた。反応は

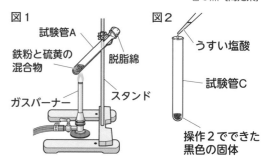

図1

試験管A

鉄粉と硫黄の混合物

ガスバーナー

脱脂綿

スタンド

図2

うすい塩酸

試験管C

操作2でできた黒色の固体

加熱をやめたあとも進み、鉄粉と硫黄はすべて反応して黒色の固体が5.5 gできた。

操作3　操作2でできた黒色の固体を少量とって試験管Cに入れ、図2のようにうすい塩酸を数滴加えたところ、特有のにおいのある気体が発生した。同様に、加熱していない試験管Bの混合物を少量とって試験管Dに入れ、うすい塩酸を加えたところ、においのない気体が発生した。このことから、反応後にできた黒色の固体は、鉄や硫黄とは性質が異なることが確認できた。

(1) 操作2で、鉄と硫黄の混合物を加熱したときに起こる化学反応を、鉄の原子を●、硫黄の原子を○で表したモデルを、次のア〜エから1つ選びましょう。

ア　●● ＋ ○ → ●●○　　イ　● ＋ ○ → ●○

ウ　● ＋ ○○ → ○●○　　エ　● ＋ ○○ → ●○ ○●

〔　　　〕

(2) 操作3で、試験管Dで発生したにおいのない気体は何ですか、化学式で書きましょう。

〔　　　〕

2

下の図のカードは、原子またはイオンの構造を模式的に表したものです。次の問いに答えましょう。ただし、電子を●、陽子を◎、中性子を○とします。

各9点 [山口県]

ア

イ

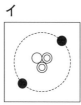

ウ

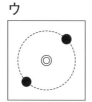

エ

オ

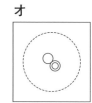

(1) イオンを表しているものを、上の図のア〜オからすべて選びましょう。

〔　　　〕

(2) 上の図のアで表したものと同位体の関係にあるものを、図のイ〜オから1つ選びましょう。

〔　　　〕

3 下の図のように、試験管Aには硫酸銅水溶液と亜鉛片、試験管Bには硫酸亜鉛水溶液と銅片を入れました。しばらくしてから金属片の表面のようすと水溶液のようすを確認すると、結果は表のようになりました。あとの問いに答えましょう。

各9点 [長崎県]

	金属片のようす	水溶液のようす
試験管A		青色がうすくなった
試験管B	変化なし	変化なし

(1) 表中の [ ] にあてはまる金属の表面のようすとして適切なものを、次のア〜エから1つ選びましょう。

ア 気体が発生し、赤色の物質が付着した。

イ 気体が発生し、青色の物質が付着した。

ウ 赤色の物質が付着した。

エ 青色の物質が付着した。 〔　　　　　〕

(2) 結果をもとに考察した次の文の ① 〜 ③ に「亜鉛」、「銅」のいずれかを入れ、文を完成させましょう。

試験管Aでは、 ① 原子と ② イオンの間で電子のやりとりが行われ、試験管Bでは、電子のやりとりが行われなかったと考えられる。このことから、亜鉛と銅では ③ の方がイオンになりやすいと判断できる。

①〔　　　　　〕　②〔　　　　　〕　③〔　　　　　〕

4 次の実験について、あとの問いに答えましょう。

各10点 [佐賀県]

[実験] 図のように、スライドガラスの上にろ紙を置き、電源装置につないだ。pH試験紙をろ紙の上に置き、中央に鉛筆で線を引き、pH試験紙とろ紙の両方に食塩水をしみこませた。pH試験紙の中央に水酸化ナトリウム水溶液をつけるとつけた部分は青色に変化した。その後、電圧を加えて変化を観察すると青色の部分は陽極側へ広がった。

(1) [実験] によって、水酸化ナトリウム水溶液においてアルカリ性を示すイオンを確かめることができました。アルカリ性を示すイオンは何ですか、化学式で書きましょう。 〔　　　　　〕

(2) 次の文は、水酸化ナトリウム水溶液を塩酸に変えて実験を行ったときのpH試験紙のようすについて述べたものです。文中の ① 、 ② にあてはまる語句を書きましょう。

pH試験紙の中央についた ① 色の部分が ② 極側に広がっていった。

①〔　　　　　〕　②〔　　　　　〕

効果的な勉強法

😊 解き直しのサイクルを作ろう

くり返し問題を解くことで理解が深まる

　数多くの問題を解いて経験を積むことも大切ですが、それよりも大切なのは、間違えた問題やわからなかった問題を解き直すことです。解けなかった問題を解けるようにすることが、勉強ではとても大切なことなのです。

　答え合わせをするときは、まず簡単に○か×かのみを確認します。次に、詳しい解説を読む前に、もう一度答えを見ずに解いてみましょう。もしかしたら、単に問題文をよく読んでいなかっただけだったり、途中で計算間違いをしているだけだったりすることがあるからです。そうではなく、どうしてもわからないという場合には、解答解説をじっくり読んで、しっかり理解するようにしましょう。そして、解答を覚えていても構わないので、もう一度問題を解き直してみます。さらに、３日後くらいに改めて間違えた問題を解き直すと、理解度がよりアップします。

😊 やることリストを作って、学習計画を立てよう

計画を達成することで、やる気が出る

　高校入試対策では、なんとなく勉強するのではなく、計画を立てて着実に勉強を進めることが大切です。

　まずは、中1・2範囲の総復習をいつまでに終えるか、過去問をいつまでに何周するなど、やるべきことをリストアップしてみましょう。やることリストを作ることで、どんなことをやるべきか、だいたいどれくらいの時間がかかりそうかがはっきりします。次に、リストアップしたやるべきことを、どの順序で、どのように進めるか計画を立てます。計画どおり進まなかった場合は、日程を再調整します。

　やるべきことが完了したら、リスト上にチェックを入れたり、線を引いたりして、終わったことがはっきりわかるようにします。これにより、達成したことが目に見えて確認でき、新たなやる気につながります。

やることリストを
達成できると
気持ちがいいね

3章

章

生物分野

植物のつくりを観察しよう!

　種子植物は、胚珠が子房の中にある被子植物と、子房がなく、胚珠がむき出しになっている裸子植物に分けられます。

　アブラナやアサガオなどの花は、外側から、**がく、花弁、おしべ、めしべ**の順についています。

　めしべの先端を柱頭、めしべの根もとのふくらんだ部分を子房といい、中には胚珠が入っています。おしべの先端にある袋をやくといい、中に花粉が入っています。

　花粉がめしべの柱頭につくことを受粉といいます。受粉が行われると、胚珠は種子になり、子房は成長して果実になります。

【アブラナの花】

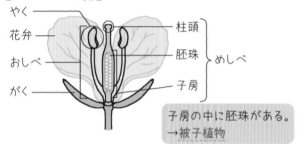

やく
花弁
おしべ
がく
柱頭
胚珠 ｝めしべ
子房

子房の中に胚珠がある。
→被子植物

【花から果実へ】

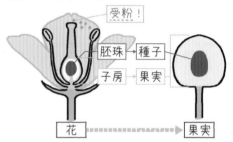

受粉!
胚珠→種子
子房→果実

花　------→　果実

　マツには**雌花**と**雄花**があります。マツの雌花と雄花には、花弁やがくがなく、りん片がたくさん集まったつくりをしています。雌花のりん片には子房がなく、胚珠がむき出しでついています。雄花のりん片には**花粉のう**があり、中には花粉が入っています。

　マツやスギ、イチョウなどのような裸子植物には子房がないので、受粉後に果実はできません。

胚珠がむき出し
→裸子植物

【マツの花】

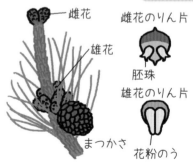

雌花
雄花
まつかさ

雌花のりん片
胚珠
雄花のりん片
花粉のう

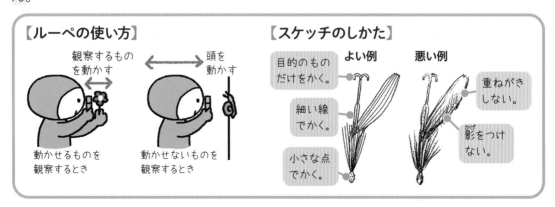

【ルーペの使い方】

観察するものを動かす　頭を動かす

動かせるものを観察するとき　動かせないものを観察するとき

【スケッチのしかた】

よい例　悪い例

目的のものだけをかく。
細い線でかく。
小さな点でかく。
重ねがきしない。
影をつけない。

基本練習

→ 答えは別冊9ページ

1 右の図は、マツの雄花と雌花のりん片です。受粉後に成長して種子になるのは、a、bどちらの部分ですか。

a   b

[   ]

2 手に持ったエンドウの花を観察するときのルーペの使い方として適切なものを、次のア〜エから1つ選びましょう。 [和歌山県]

[   ]

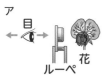
ア
目 →←
ルーペ
花
顔だけを動かす

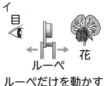
イ
目 →←
ルーペ
花
ルーペだけを動かす

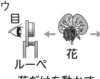
ウ
目 →←
ルーペ
花
花だけを動かす

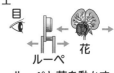
エ
目 →←
ルーペ
花
ルーペと花を動かす

3 受粉後に、サクラは図1のようなサクランボを実らせ、イチョウは図2のようなギンナンを実らせます。図3は、サクランボ、ギンナンのどちらかの断面を表した模式図です。サクラとイチョウのつくりについて説明した次の文の①、②に入る語句として適切なものを、あとのア〜ウから1つ選びましょう。また、③に入る語句として適切なものを、あとのア、イから1つ選びましょう。 [兵庫県・改]

図1   図2

サクランボ   ギンナン

図3

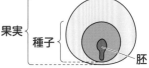

果実
種子
胚

サクラの花には①{ア 胚珠　イ 花粉のう　ウ 子房}があり、イチョウの花には①がない。②{ア 種子　イ 果実　ウ 胚}は①が成長したものであることから、**図3**は、③{ア サクランボ　イ ギンナン}の断面を表した模式図である。

①[   ]　②[   ]　③[   ]

 **2** ルーペで観察するとき、ルーペは目に近づけて持つ。観察するものが動かせるときは観察するものを動かし、動かせないときは顔を動かす。

32 植物はどのように分類できる？

被子植物の中で、子葉が1枚の植物を**単子葉類**、2枚の植物を**双子葉類**といいます。

【被子植物の分類】

分類	子葉の数	葉脈のようす	根のつくり	例
単子葉類	子葉は1枚	葉脈が平行→**平行脈**	ひげ根	トウモロコシ、チューリップ、ツユクサ、ユリ、イネ
双子葉類	子葉は2枚	葉脈が網目状→**網状脈**	主根 側根	アブラナ、ヒマワリ、タンポポ、エンドウ、サクラ

イヌワラビやゼンマイ、スギナなどの**シダ植物**、ゼニゴケやスギゴケなどの**コケ植物**は、花がさかず、種子をつくりません。種子をつくらない植物は、**胞子のう**でつくられる**胞子**によってふえます。

シダ植物は、葉、茎、根の区別があり、多くの場合、茎は地中にあります。一方、コケ植物は葉、茎、根の区別がなく、根のように見える部分は**仮根**とよばれ、からだを地面などに固定する役目をしています。水分などはからだの表面全体から吸収しています。

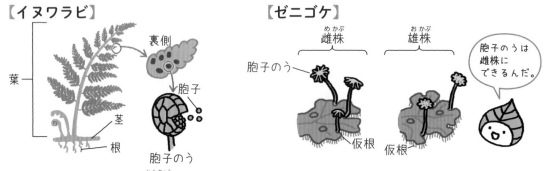

【イヌワラビ】

葉　裏側　胞子　茎　根　胞子のう

【ゼニゴケ】

雌株　雄株　胞子のう　仮根　仮根

胞子のうは雌株にできるんだ。

植物は、いろいろな特徴によって次のように分類できます。

【植物の分類】

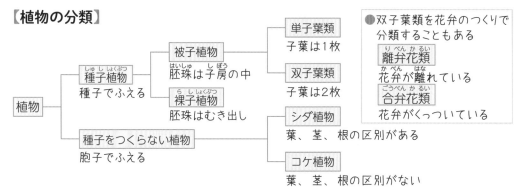

植物
　種子植物（種子でふえる）
　　被子植物（胚珠は子房の中）
　　　単子葉類　子葉は1枚
　　　双子葉類　子葉は2枚
　　裸子植物（胚珠はむき出し）
　種子をつくらない植物（胞子でふえる）
　　シダ植物　葉、茎、根の区別がある
　　コケ植物　葉、茎、根の区別がない

●双子葉類を花弁のつくりで分類することもある
　離弁花類　花弁が離れている
　合弁花類　花弁がくっついている

基本練習

→ 答えは別冊9ページ

1 (1)・(2)はあてはまる語句を書き、(3)は正しいものを○で囲みましょう。

(1) 被子植物の中で、子葉が1枚のものを 〔　　　　　　　　〕、子葉

が2枚のものを 〔　　　　　　　〕 という。

(2) シダ植物とコケ植物は、〔　　　　　　　〕 をつくってふえる。

(3) シダ植物は葉、茎、根の区別が 〔 ある・ない 〕 が、コケ植物は葉、茎、

根の区別が 〔 ある・ない 〕。

2 太郎さんは、観察した7種類の植物について、下の図のように4つの観点で、
タンポポ以外をA〜Eに分類しました。あとの問いに答えましょう。　　[富山県]

(1) 右下の図の**観点1〜4**は、次の**ア〜カ**のどれかです。**観点1、観点3**にあ
てはまるものはどれですか。**ア〜カ**から1つずつ選びましょう。

観点1 〔　　　　　　　〕　　　観点3 〔　　　　　　　〕

ア　子房がある

イ　根はひげ根である

ウ　種子でふえる

エ　子葉が2枚である

オ　花弁が分かれている

カ　胞子でふえる

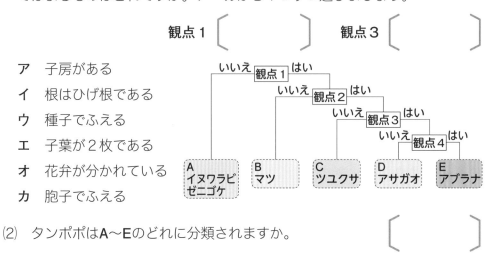

(2) タンポポはA〜Eのどれに分類されますか。　　〔　　　　　〕

(3) Aに分類したイヌワラビとゼニゴケでは、水分を吸収するしくみが異なっ
ています。ゼニゴケは、必要な水分をどのように吸収しますか。「ゼニゴケは」
に続けて簡単に書きましょう。

〔 ゼニゴケは、　　　　　　　　　　　　　　　　　　　　　〕

😊 **ミス注意** **2** (3)　イヌワラビは葉、茎、根の区別があり、水分を根から吸収するが、ゼニゴケは葉、
茎、根の区別がなく、根のように見える仮根は別の役割を果たしている。

学習した日 〔 ／ 〕　□ 😐 もう一度　□ 😊 バッチリ！

33 動物はどのように分類できる?

背骨のある動物を**脊椎動物**といいます。脊椎動物は、その特徴によって、**魚類、両生類、は虫類、鳥類、哺乳類**の5つのグループに分かれています。

親が卵を産んで、卵から子がかえるような子の生まれ方を**卵生**、母親の体内である程度育ってから生まれるような子の生まれ方を**胎生**といいます。

	魚類	両生類	は虫類	鳥類	哺乳類
生活場所	水中	子は水中 親は陸上	陸上	陸上	陸上
呼吸のしかた	えら	子はえらと皮膚 親は肺と皮膚	肺	肺	肺
体表のようす	うろこ	しめった皮膚	うろこ	羽毛	毛
子の生まれ方	卵生(殻なし)	卵生(殻なし)	卵生(殻あり)	卵生(殻あり)	胎生

哺乳類には、ライオンなどの**肉食動物**とシマウマなどの**草食動物**がいます。

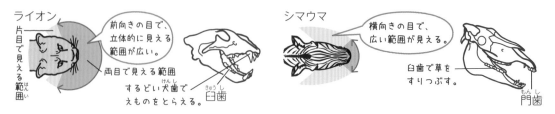

一方、背骨のない動物を**無脊椎動物**といいます。無脊椎動物には、バッタやエビなどの**節足動物**や、イカやタコ、アサリなどの**軟体動物**、ウニやヒトデ、ミミズなどさまざまなグループが存在しています。

【動物の分類】

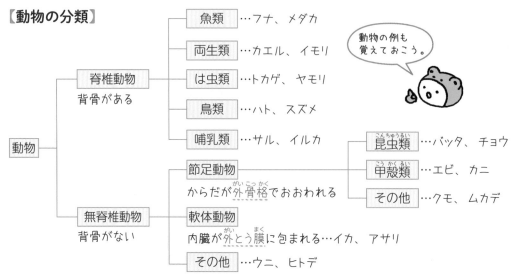

1 ▢ にあてはまる語句を書きましょう。

(1) 軟体動物の内臓は ▢ という膜に包まれている。

(2) 節足動物のからだは ▢ という殻（から）でおおわれている。

2 授業で脊椎動物の特徴をカードを使ってホワイトボードにまとめましたが、はられたカードのうち8枚がはずれてしまいました。次の図は、ホワイトボードから8枚のカードがはずれた状態の表です。また、下のア～クは、ホワイトボードからはずれた8枚のカードです。 ① ～ ③ のカードとして適切なものを、下のア～クからそれぞれ1つずつ選びましょう。

［宮崎県］

特徴	①			②	魚類
			○	○	○
えらで呼吸する時期がある				○	○
肺で呼吸する時期がある	○	○	○	○	
③		○			
				○	○
卵生で、卵を陸上に産む	○		○		
	○	○	○	○	○

ア 哺乳類　　イ は虫類　　ウ 鳥類　　エ 両生類

オ 背骨をもっている　　カ 卵生で、卵を水中に産む

キ 胎生である　　ク 羽毛や体毛がない

① 〔　　　〕　　② 〔　　　〕　　③ 〔　　　〕

😊 **ポイント** **2** 魚類にあてはまる特徴を選び、縦の列のどこに入るか考えてみよう。

学習した日 ／ 　▢ もう一度 ▢ バッチリ!

34 顕微鏡で細胞を見てみよう!

目に見えないような小さいものを見るときは、**顕微鏡**を使います。

【顕微鏡の使い方】

❶ **対物レンズ**を最も低倍率のものにして、視野全体が明るくなるように、**反射鏡**と**しぼり**を調節する。

❷ プレパラートをステージにのせ、真横から見ながら調節ねじを回して、プレパラートと対物レンズをできるだけ近づける。

❸ **接眼レンズ**をのぞいて、プレパラートと対物レンズを遠ざけながら、ピントを合わせる。

❹ レボルバーを回して高倍率の対物レンズに変える。高倍率にすると視野がせまく暗くなるので、しぼりを調節する。

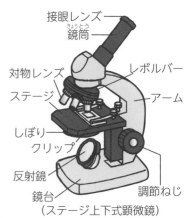

接眼レンズ — 鏡筒
対物レンズ — レボルバー
ステージ — アーム
しぼり
クリップ
反射鏡
鏡台 — 調節ねじ
（ステージ上下式顕微鏡）

> **顕微鏡の倍率＝接眼レンズの倍率×対物レンズの倍率**

核には、遺伝子の本体のDNAがふくまれているんだ。

動物や植物のからだは**細胞**からできています。動物の細胞も植物の細胞も**染色液**によく染まる**核**があり、そのまわりに**細胞質**があります。細胞質の外側は**細胞膜**になっています。

【動物の細胞】　　【植物の細胞】

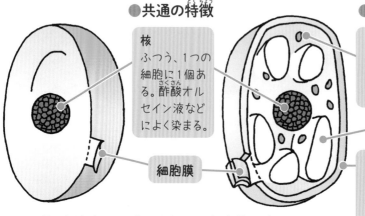

●共通の特徴　　　　　　　●植物の細胞の特徴

核
ふつう、1つの細胞に1個ある。酢酸オルセイン液などによく染まる。

葉緑体
緑色の粒。葉や茎など緑色をした部分の細胞にある。光合成を行う。

液胞

細胞膜

細胞壁
植物のからだを支えるのに役立つ、じょうぶなしきり。

核と細胞壁以外の部分をまとめて細胞質という。

生物には、からだが1つの細胞でできている**単細胞生物**と、多数の細胞でできている**多細胞生物**がいます。多細胞生物では、形やはたらきが同じ細胞が集まって**組織**をつくり、いくつかの種類の組織が集まって特定のはたらきをする**器官**がつくられています。

基 本 練 習

→ 答えは別冊10ページ

1 ［　　　　　　］にあてはまる語句を書きましょう。

(1) 細胞質のいちばん外側は［　　　　　　　　　　　］といううすい膜である。

(2) (1)と細胞の中心付近に1個ある［　　　　　　　　　　　］は、植物の細胞にも動物の細胞にも見られる。

(3) 植物の細胞だけに見られる緑色の粒を［　　　　　　　　　　］という。

2 接眼レンズの倍率が15倍、対物レンズの倍率が40倍のとき、顕微鏡の倍率は何倍ですか、求めましょう。 ［石川県］ 〔　　　　　　〕

3 顕微鏡の倍率を40倍から100倍に変えたときの視野の広さと明るさについての説明として適切なものを次のア〜エから1つ選びましょう。 ［神奈川県］

ア　視野は広くなり、明るくなる。　　イ　視野は広くなり、暗くなる。

ウ　視野はせまくなり、明るくなる。　　エ　視野はせまくなり、暗くなる。

〔　　　　　　〕

4 右の図は、ある被子植物の葉の内部に存在する細胞の模式図であり、図中のaは核を示しています。核について述べた文として適切なものを、次のア〜エからすべて選びましょう。 ［高知県］

ア　植物の細胞のみに見られ、細胞を保護するとともに、植物のからだを支える役割も担っている。

イ　動物と植物の細胞に共通して見られ、酢酸オルセインによく染まる。

ウ　光を吸収し、光合成を行っている。

エ　DNAをふくみ、親の形質が子に伝わる遺伝にかかわる。

〔　　　　　　〕

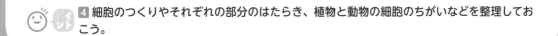

4 細胞のつくりやそれぞれの部分のはたらき、植物と動物の細胞のちがいなどを整理しておこう。

089

学習した日　／　□ もう一度　□ バッチリ!

35 光合成と呼吸 #中2

「光合成」ってどんなはたらき？

植物が光を受けてデンプンなどの栄養分をつくるはたらきを**光合成**といいます。光合成では、細胞の中にある**葉緑体**が光を受け、**水**と**二酸化炭素**から**デンプン**などの栄養分をつくり出します。このとき、**酸素**が発生します。

葉でつくられたデンプンは水にとけやすい物質に変わり、からだ全体に運ばれ、成長に使われたり果実や根などにたくわえられたりします。

【光合成のようす】

【光合成】

水＋二酸化炭素 →(光) デンプンなど＋酸素

【光合成と二酸化炭素の関係を調べる実験】

❶ タンポポの葉を入れた試験管と葉を入れない試験管を準備し、両方に息をふきこむ。

❷ 太陽の光を30分間当てたあと、石灰水を入れ、よく振る。

太陽の光

●結果

葉を入れた試験管は変化が見られなかったが、葉を入れなかった試験管は白くにごった。

➡植物が光合成を行うとき、二酸化炭素をとり入れている。

石灰水は二酸化炭素があると白くにごるんだったね。

植物は、動物のように**呼吸**を行っています。呼吸とは、酸素をとり入れて二酸化炭素を出すはたらきのことです。

植物は、昼間など光が当たっているときだけ光合成を行いますが、呼吸は昼も夜も行われています。光が強い昼間は光合成によって出入りする気体の方が多いので、見かけ上光合成のみが行われ、二酸化炭素をとり入れ、酸素を出しているように見えます。夜間は光が当たらないため、植物は呼吸のみを行い、酸素をとり入れ、二酸化炭素を出しています。

基本練習

→ 答えは別冊10ページ

1 植物が光を受けてデンプンなどの栄養分をつくり出すはたらきを

[　　　　　　　　　　] という。

2 タンポポの葉のはたらきを調べるために、次の手順1～3で実験を行った。実験についてまとめたあとの文の ① にはAまたはBを、 ② には適切な語句を入れて、文を完成させましょう。 ［長崎県］

[実験] 手順1 図1のように、試験管Aにはタンポポの葉を入れた状態で、試験管Bには何も入れない状態で、両方の試験管にストローで息をふきこんだ。

図1

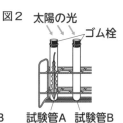
図2 太陽の光 ゴム栓
試験管A 試験管B

手順2 図2のように試験管AとBにゴム栓をし、太陽の光を30分間当てた。

手順3 試験管AとBに、それぞれ静かに少量の石灰水を入れ、再びゴム栓をしてよく振った。

> 手順3の結果、石灰水がより白くにごったのは試験管 ① である。石灰水のにごり方のちがいは、試験管内の ② の量に関係している。

① [　　　　　] ② [　　　　　]

3 右の図は、植物が葉で光を受けて栄養分をつくり出すしくみを模式的に表したものです。図中の ① ～ ③ に入る語句として適切なものを、次のア～ウから1つずつ選びましょう。 ［兵庫県］

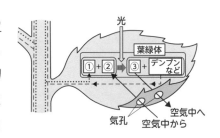
光 葉緑体
① + ② → ③ + デンプンなど
気孔 空気中から 空気中へ

ア 二酸化炭素　　イ 酸素　　ウ 水

① [　　　　] ② [　　　　] ③ [　　　　]

😊 ミス注意 **3** ②、③は気体で、気孔から出入りしている。①は液体で、根から吸収され、道管を通って葉まで運ばれる。

学習した日 ／ ☐ もう一度 ☐ バッチリ!

36 「蒸散」ってどんなはたらき？

　根から吸収された水や水にとけた肥料分などが通る管を**道管**、葉でつくられた栄養分が運ばれる管を**師管**といいます。数本の道管と師管が集まって束になったものを**維管束**といいます。維管束は、根から茎、さらに葉へとつながっています。

　茎では、道管は維管束の内側、師管は維管束の外側にあります。また、葉では、道管は葉の表側、師管は葉の裏側にあります。

【根の断面】

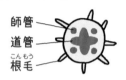

師管
道管
根毛

根には根毛がたくさんあり、表面積が大きくなっている。このつくりによって、効率よく水や肥料分を吸収することができる。

【茎の断面】

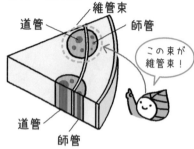

維管束
道管
師管
道管
師管

この束が維管束！

【葉の断面】

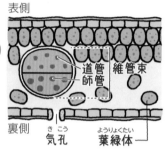

表側
道管
師管
維管束
裏側　気孔　葉緑体

　維管束の並び方は植物によって異なります。茎の維管束は、ホウセンカやヒマワリのような双子葉類では輪のように並びますが、トウモロコシやイネのような単子葉類では散在しています。

双子葉類　　単子葉類

　根から吸い上げられた水は、気孔から水蒸気として出ていきます。このはたらきを**蒸散**といいます。

【蒸散を調べる実験】

① 同じ枚数の葉がついた枝を3本用意する。
② 下の図のようにして、太陽の光を当てる。

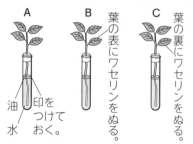

A
B　葉の表にワセリンをぬる。
C　葉の裏にワセリンをぬる。

油
水
印をつけておく。

③ 減少した水の量を調べる。

●結果

	A	B	C
水の減少量	34 cm³	26 cm³	10 cm³
蒸散が行われた部分	葉の表		葉の表
	葉の裏	葉の裏	
	茎	茎	茎

葉の表の蒸散量＝A−B＝34−26＝8（cm³）
葉の裏の蒸散量＝A−C＝34−10＝24（cm³）
茎の蒸散量＝B＋C−A＝26＋10−34＝2（cm³）
➡気孔は、葉の裏側に多い。

1 (1)・(3)はあてはまる語句を書き、(2)・(4)は正しいものを〇で囲みましょう。

(1) 根から吸収した水や肥料分を運ぶ管を [　　　　　　] という。

(2) (1)は、茎の維管束の〔 内側・外側 〕にある。

(3) 葉でつくられた栄養分を運ぶ管を [　　　　　　] という。

(4) (3)は、茎の維管束の〔 内側・外側 〕にある。

2 ツバキ、アジサイの蒸散量を比較（ひかく）するために、次のような実験を行いました。あとの問いに答えましょう。ただし、蒸散量は吸水量と等しいものとします。

[長野県・改]

[実験] ① 葉の枚数や大きさ、茎の太さや長さがそろっているツバキの枝を3本準備した。

② 右の図のように、葉へのワセリンのぬり方を変え、吸水量を調べた。

葉の裏側だけにワセリンをぬる　　葉の表側と裏側にワセリンをぬる　　ワセリンをぬらない

葉
油
水
メスシリンダー

③ アジサイについてもツバキと同様に吸水量を調べ、結果を表にまとめた。

	ツバキ	アジサイ
葉の裏側だけにワセリンをぬった場合の吸水量〔mL〕	1.5	1.1
葉の表側と裏側にワセリンをぬった場合の吸水量〔mL〕	1.4	0.2
ワセリンをぬらなかった場合の吸水量〔mL〕	6.2	4.2

(1) 表のツバキについて、葉の表側の蒸散量は何mLですか、小数第1位まで書きましょう。

[　　　　　　]

(2) 表のアジサイについて、葉の裏側の蒸散量はアジサイの蒸散量全体の何%ですか、小数第1位を四捨五入して、整数で書きましょう。

[　　　　　　]

😊 ミス注意 **2** 葉の裏側だけにワセリンをぬった場合は、葉の表側と葉以外の部分で蒸散が行われ、葉の表側と裏側にワセリンをぬったときは葉以外の部分で蒸散が行われる。

学習した日　／　 □ もう一度　 □ バッチリ！

→答えは別冊19ページ

得点 　　／100点

3章 生物分野

1 Kさんは、正月飾りにウラジロやイネといった植物が使われていることに興味をもち、植物のからだのつくりにおける共通点や相違点を調べ、右の図のように分類しました。次の問いに答えなさい。　各7点 [山口県・改]

```
            あ
      はい        いいえ
            い
      はい   いいえ         ↓
   シダ植物    種子植物    コケ植物
   (ウラジロ)   (イネ)
```

(1)　**あ** 、 **い** にあてはまる文を、次の**ア～エ**から1つずつ選び、記号で答えなさい。

　　ア　種子をつくる。　　　　　イ　胞子をつくる。
　　ウ　葉、茎、根の区別がある。　エ　子房の中に胚珠がある。

　　　　　　　　　　　　　　　あ〔　　　　〕　い〔　　　　〕

(2)　Kさんは、種子植物であるイネについてさらに調べを進め、イネが単子葉類に分類されることを知りました。次の文が、イネのからだのつくりを説明したものとなるように、｛　｝の中のa～dの語句について適切な組み合わせを、あとの**ア～エ**から1つ選び、記号で答えなさい。

　　葉脈が｛a　網状脈　　b　平行脈｝で、｛c　主根と側根からなる根　　d　ひげ根｝をもつ。

　　ア　aとc　　イ　aとd　　ウ　bとc　　エ　bとd

　　　　　　　　　　　　　　　　　　　　　　　　　　　〔　　　　〕

2 脊椎動物であるメダカ、イモリ、トカゲ、ハト、ウサギの特徴やなかま分けは、表のように表すことができます。次の問いに答えなさい。

	メダカ	イモリ	トカゲ	ハト	ウサギ
子のふやし方	卵生				X
なかま分け	魚類	両生類	は虫類	鳥類	哺乳類

各7点 [三重県・改]

(1)　ウサギの子は、母親の体内で、ある程度育ってから親と同じようなすがたで生まれます。このような、表の **X** に入る、子のふやし方を何といいますか、その名称を書きなさい。

　　　　　　　　　　　　　　　　　　　　　　〔　　　　　　　　　〕

(2)　卵生のメダカ、イモリ、トカゲ、ハトの中で、陸上に殻のある卵を産む動物はどれですか。メダカ、イモリ、トカゲ、ハトから適切なものをすべて選び、その名称を書きなさい。

　　　　　　　　　　　　　　　　　　　　　　〔　　　　　　　　　〕

(3)　次の文は、イモリの呼吸のしかたについて説明したものです。 ① 、 ② に入る適切な語句をそれぞれ書きなさい。

　　子は ① という器官と皮膚で呼吸する。子とはちがい、親は ② という器官と皮膚で呼吸する。

　　　　　　　①〔　　　　　　　〕　②〔　　　　　　　〕

3 ツユクサの葉を採取し、葉のようすを観察しました。次の問いに答えなさい。

各7点[静岡県・改]

(1) ツユクサの葉の裏の表皮をはがしてプレパラートをつくり、図1のように、顕微鏡を用いて観察しました。

図1

① 観察に用いる顕微鏡には、10倍、15倍の2種類の接眼レンズと、4倍、10倍、40倍の3種類の対物レンズが用意されています。400倍の倍率で観察するには、接眼レンズと対物レンズは、それぞれ何倍のものを使えばよいですか。[完答]

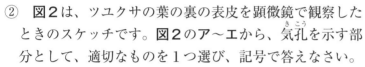

接眼レンズ〔　　　　　　　〕
対物レンズ〔　　　　　　　〕

② 図2は、ツユクサの葉の裏の表皮を顕微鏡で観察したときのスケッチです。図2のア〜エから、気孔を示す部分として、適切なものを1つ選び、記号で答えなさい。

〔　　　　　　　〕

図2

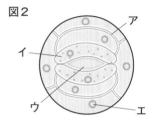

(2) 次の文は、気孔について述べたものです。文中の[　　]にあてはまる語句として適切なものを、あとのア〜ウから1つ選び、記号で答えなさい。

　光合成や呼吸にかかわる二酸化炭素や酸素は、おもに気孔を通して出入りする。根から吸い上げられた水は、[　　]の状態で、おもに気孔から出る。

ア　気体　　　イ　液体　　　ウ　固体　　　　　　　　　　〔　　　　　　〕

4 図1と図2は、それぞれ被子植物双子葉類の茎と葉の断面の一部を模式的に表したものです。これについて、次の問いに答えなさい。

(1)各8点、(2)7点[長崎県]

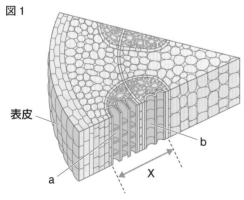

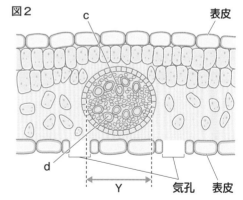

(1) 根からとり入れた水などは、茎と葉のどの部分を通りますか。茎については図1のa、bから、葉については図2のc、dから、1つずつ選び、記号で答えなさい。

図1〔　　　　〕　図2〔　　　　〕

(2) 図1のX、図2のYは水や栄養分の通り道の集まりです。この部分を何といいますか。

〔　　　　　　　〕

37 食べ物のゆくえを調べよう!

消化のしくみ #中2

炭水化物やタンパク質、脂肪などの栄養分を吸収しやすい物質に分解することを消化といいます。口からとり入れた食物は、口から肛門までつながった消化管を通っていく間に、消化液のはたらきによって吸収しやすい物質に変わります。

だ液や胃液、すい液には、食物を分解して吸収しやすい物質に変える消化酵素がふくまれています。しかし、肝臓でつくられる胆汁には消化酵素がふくまれていません。消化酵素にはいくつかの種類があり、決まった物質だけにはたらきます。

【消化管】

【栄養分の消化】

	消化酵素		消化後の物質
デンプン →	だ液中のアミラーゼなど	→	ブドウ糖
タンパク質 →	胃液中のペプシン すい液中のトリプシンなど	→	アミノ酸
脂肪 →	すい液中のリパーゼ	→	脂肪酸＋モノグリセリド

【だ液のはたらきを調べる実験】

❶ デンプンのりとだ液を入れた試験管（A）と、デンプンのりと水を入れた試験管（B）を、約40℃の湯に10分間入れる。

❷ A、Bの試験管の液を2つに分け、一方にはヨウ素液を加え、もう一方にはベネジクト液を加えて加熱する。

●結果

	ヨウ素液	ベネジクト液
A	変化しない。	赤褐色になる。
B	青紫色になる。	変化しない。

➡だ液には、デンプンを麦芽糖などに変えるはたらきがある。

小腸の内側の壁にはたくさんのひだがあり、ひだの表面には柔毛とよばれる小さな突起が多数あります。消化された栄養分は、柔毛に吸収されます。

【柔毛のつくり】

毛細血管

リンパ管

断面

【栄養分の吸収】

●ブドウ糖・アミノ酸…毛細血管→肝臓→全身へ

●脂肪酸・モノグリセリド…柔毛内で再び脂肪になる→リンパ管→全身へ

基本練習

→ 答えは別冊11ページ

1 □ にあてはまる語句を書きましょう。

(1) だ液や胃液、すい液のように、食物を消化するはたらきをもつ液を

□ という。

(2) (1)にふくまれ、食物を分解する物質を □ という。

2 次の問いに答えましょう。 [秋田県]

(1) タンパク質が消化酵素によって変化した物質は、右の図の
X、Yのどちらの管に入りますか、記号を書きましょう。また、
その管の名称を書きましょう。

記号 〔　　　〕　　名称 〔　　　　　　　〕

柔毛

X

Y

(2) 小腸に柔毛がたくさんあると、効率よく養分を吸収することができます。
それはなぜですか。「表面積」という語句を用いて書きましょう。

〔　　　　　　　　　　　　　　　　　　　　　　　　　　　　　　　〕

3 次の問いに答えましょう。 [岐阜県]

(1) だ液にふくまれる、デンプンを分解する消化酵素として適切なものを、次
のア～エから1つ選びましょう。

ア　トリプシン　　イ　リパーゼ
ウ　ペプシン　　　エ　アミラーゼ　　　　　　　　　〔　　　〕

(2) タンパク質や脂肪などの栄養分の分解には、さまざまな器官の消化液や消
化酵素がかかわっています。脂肪の分解にかかわるものを、次のア～エから
すべて選びましょう。

ア　小腸の壁の消化酵素　　イ　胃液中の消化酵素
ウ　胆汁　　　　　　　　　エ　すい液中の消化酵素

〔　　　〕

😊 ミス注意 **2**(1) タンパク質が消化酵素によって変化した物質はアミノ酸である。　(2) 小腸は消化さ
れた栄養分を吸収するはたらきがある。

学習した日　／　□ もう一度　□ バッチリ!

38 いらなくなったものはどこへいくの？

　私たちは常に**呼吸**をして、酸素をとりこみ、二酸化炭素を体外に出しています。吸いこんだ空気は、気管を通って肺に入ります。肺は気管が細かく枝分かれした**気管支**と、その先にある多数の**肺胞**という小さな袋が集まってできています。

　肺胞のまわりを毛細血管がとり囲んでいて、肺胞に入った空気中の酸素は、毛細血管を流れる血液にとりこまれて全身の細胞に運ばれます。

【ヒトの肺のつくり】

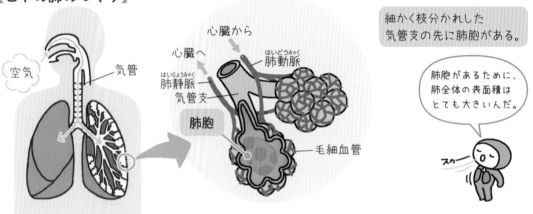

細かく枝分かれした気管支の先に肺胞がある。

肺胞があるために、肺全体の表面積はとても大きいんだ。

スー

　からだをつくっている細胞は、送られてきた酸素を使って栄養分からエネルギーをとり出しています。このとき、二酸化炭素と水ができます。このようなはたらきを**細胞(の)呼吸**（細胞による呼吸）といいます。細胞呼吸でできた二酸化炭素は、血液にとけて肺に運ばれ、**肺による呼吸**によって体外に出されます。

【細胞呼吸】

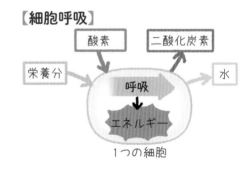

1つの細胞

　アミノ酸が分解されるときに生じる有害な**アンモニア**は、**肝臓**に運ばれ、害の少ない**尿素**に変えられ、**腎臓**へと送られます。腎臓では、血液中から尿素などの不要な物質がこし出されて**尿**ができます。尿は**輸尿管**を通ってぼうこうに一時的にためられ、体外へ**排出**されます。

【排出】

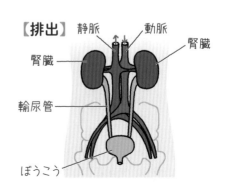

基本練習

→ 答えは別冊11ページ

1 □ にあてはまる語句を書きましょう。

(1) 細胞呼吸でできたアンモニアは肝臓で □ につくり変えられ、□ で血液中からこし出される。

2 右の図は、肺の一部を模式的に表したものです。気管支の先端にたくさんある小さな袋は何とよばれますか。その名称を書きましょう。

[愛媛県]

〔　　　　　　　〕

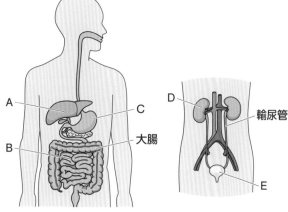

気管支
毛細血管
小さな袋

3 右の図は、ヒトのからだの一部を模式的に表したものです。次の問いに答えましょう。

[佐賀県]

(1) タンパク質が体内で分解されるときにできる有害な物質として適切なものを、次のア〜エから1つ選びましょう。

ア ブドウ糖　　イ アミノ酸
ウ グリコーゲン　エ アンモニア

A
B
C
大腸
D
輸尿管
E

〔　　　　　　　〕

(2) 次の文の ① 、② にあてはまる器官として適切なものを、上の図のA〜Eから1つずつ選びましょう。

　タンパク質が体内で分解されるときにできる有害な物質は、 ① で無害な尿素につくりかえられる。その後、尿素は血液によって ② に運ばれて、不要な物質として尿中に排出される。

① 〔　　　　　　　〕　② 〔　　　　　　　〕

😊 ミス注意 **3** (2) Aは肝臓、Bは小腸、Cは胃、Dは腎臓、Eはぼうこうである。

学習した日 ／　□ 😊 もう一度　□ 😊 バッチリ!

39 血液はどのようにからだをめぐる?

心臓は周期的に収縮して、血液の流れをつくるポンプのはたらきをしています。

心臓から送り出される血液が流れる血管を動脈、心臓にもどる血液が流れる血管を静脈といいます。動脈と静脈は毛細血管という細い血管でつながっています。

酸素や栄養分は血液によって運ばれますが、これには2つの経路があります。

【心臓のつくり】

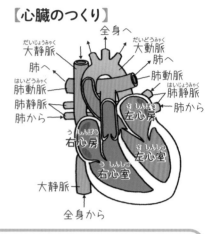

【血液の循環】

肺循環…心臓→肺→心臓
　　　　肺で酸素をとり入れて二酸化炭素を放出する。

体循環…心臓→肺以外→心臓
　　　　全身の細胞に酸素や栄養分を渡し、二酸化炭素などの不要な物質を受けとる。

【肺循環と体循環】

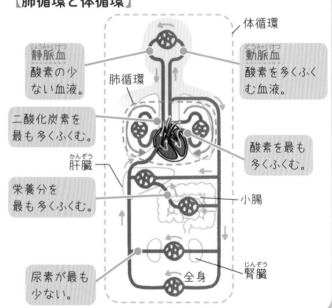

血液は、赤血球、白血球、血小板などの固形成分と血しょうという液体成分からできています。

成分	はたらき
赤血球	酸素を運ぶ。
白血球	ウイルスや細菌を分解する。
血小板	出血した血液を固める。
血しょう	栄養分や不要な物質を運ぶ。 毛細血管からしみ出したものを組織液という。

赤血球にふくまれるヘモグロビンは、肺胞など酸素の多いところで酸素と結びつき、酸素の少ないところで酸素をはなすよ。

基 本 練 習

→ 答えは別冊11ページ

1 □□□□ にあてはまる語句を書きましょう。

(1) 血液の成分のうち、□□□□□□□□□□ は、酸素の運搬を行う。

(2) 血しょうは毛細血管からしみ出して □□□□□□□□□ になる。

2 次の文を読んで、あとの問いに答えましょう。

[長崎県]

図は、正面から見たヒトの体内における血液の
循環について、模式的に示したものです。

(1) 図のA〜Dは心臓の4つの部分を示しています。Aの部分の名称を答えましょう。

〔　　　　　　　　　　〕

(2) 図のe〜hの血管のうち、静脈および静脈血が流れている血管の組み合わせとして適切なものは、次のどれですか。ア〜エから1つ選びましょう。

〔　　　　　　　　　　〕

	静脈	静脈血が流れている血管
ア	eとg	eとf
イ	eとg	gとh
ウ	fとh	eとf
エ	fとh	gとh

(3) 図の①〜③の □□ で囲まれたあ、いの矢印（→）は、血液が流れる方向を示しています。①〜③について、血液が流れる方向として正しいものは、あ、いのどちらですか。それぞれ記号で答えましょう。

① 〔　　　〕　　② 〔　　　〕　　③ 〔　　　〕

☺ ミス注意 **2** (1) 心房、心室の右、左は、右手、左手のように心臓の持ち主にとっての右側、左側で、向かって右、左ではないことに注意しよう。

学習した日　／　☐もう一度　☐バッチリ!

からだが動くしくみを調べよう!

　目や耳のように、外界からの刺激を受けとる器官を、**感覚器官**といいます。感覚器官では、受けとった刺激を信号に変え、神経を通して**脳**へ送ります。刺激の信号が脳に達すると感覚が生じます。

【ヒトの目のつくり】

虹彩
ひとみの大きさを変える。

ひとみ

暗いところに移動すると、無意識にひとみが大きくなるよ。

神経

水晶体（レンズ）
光を屈折させる。

網膜
受けとった刺激を信号に変える細胞がある。

【ヒトの耳のつくり】

耳小骨
振動をうずまき管に伝える。

鼓膜
空気の振動をとらえる。

うずまき管
受けとった刺激を信号に変える細胞がある。

　刺激や命令などの信号の伝達にかかわる器官を神経系といいます。

【神経系】

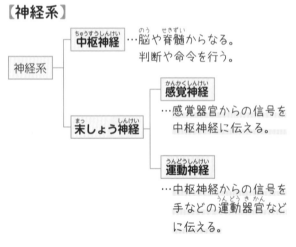

神経系 ── **中枢神経** …脳や脊髄からなる。判断や命令を行う。

　　　　 末しょう神経 ── **感覚神経** …感覚器官からの信号を中枢神経に伝える。

　　　　　　　　　　　　 運動神経 …中枢神経からの信号を手などの運動器官などに伝える。

【無意識に起こる反応（反射）】

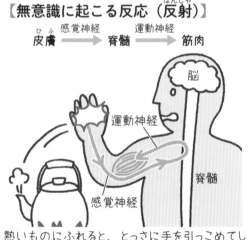

　　　　　感覚神経　　　　運動神経
皮膚 ⟹ 脊髄 ⟹ 筋肉

脳

運動神経

感覚神経

脊髄

熱いものにふれると、とっさに手を引っこめてしまう。このように、刺激に対して無意識に起こる反応を反射という。

　運動器官は、骨と筋肉によって動きます。骨についている筋肉は、両端が**けん**になっていて関節をへだてて2つの骨についています。これらの筋肉は、一方が収縮するときにはもう一方はゆるみます。

【筋肉と骨】

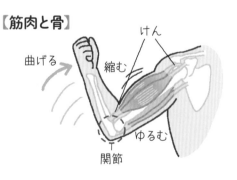

けん

曲げる　縮む

ゆるむ

関節

→ 答えは別冊11ページ

1 (1)・(3)はあてはまる語句を書き、(2)は正しいものを〇で囲みましょう。

(1) 刺激に対して無意識に起こる反応を ［　　　　　　　　　　　］ という。

(2) (1)の反応は、意識して起こす反応より反応時間が 〔 短い・長い 〕。

(3) 骨についている筋肉の両端は ［　　　　　　　　　　］ になっている。

2 次の問いに答えましょう。

[和歌山県]

(1) 図はヒトの右目の横断面を模式的に表した
ものです。図中の**A**は、物体から届いた光が
像を結ぶ部分です。この部分を何といいます
か、書きましょう。

〔　　　　　　　　　〕

ヒトの右目の横断面の模式図

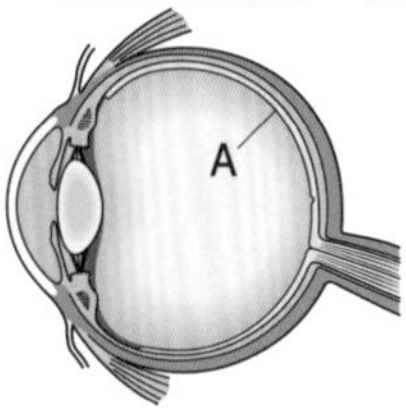

(2) 暗いところから急に明るいところに移動すると、無意識にひとみの大きさ
が変化します。このとき、ひとみの大きさは「大きくなる」か、「小さくなる」
か、書きましょう。また、ひとみの大きさの変化のように、無意識に起こる
反応を述べた文として適切なものを、次の**ア〜ウ**から１つ選びましょう。

ひとみの大きさ 〔　　　　　　　　〕　　記号 〔　　　　　　　〕

ア 熱いものにふれたとき、思わず手を引っこめた。
イ 短距離走でピストルがなったので、素早くスタートを切った。
ウ 目覚まし時計がなったとき、とっさに音を止めた。

3 右の図は、ヒトの神経系の構成について
まとめたものです。図の（ あ ）、
（ い ）のそれぞれに適切な語句を補
い、図を完成させましょう。

（ あ ）神経 ── 脳 ── 脊髄
（ い ）神経 ── 感覚神経
運動神経 など

[静岡県]

あ 〔　　　　　　　　　〕　　い 〔　　　　　　　　　〕

😊 ミス注意 **2**(2) ひとみが大きくなると目に入る光の量が増加し、ひとみが小さくなると目に入る光の
量が減少する。

学習した日 ／ ☐ 😐 もう一度 ☐ 😊 バッチリ！

41 生物はどうやって成長するの？

植物の成長と細胞分裂 #中3

　1つの細胞が2つに分かれることを**細胞分裂**といいます。

　ソラマメの根に等間隔に印をつけて観察すると、根の先端付近がよくのびていることがわかります。これは、根の先端付近で細胞分裂がさかんに行われているからです。

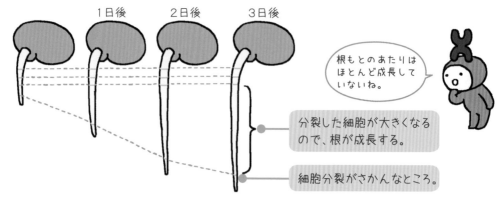

1日後　　2日後　　3日後

根もとのあたりはほとんど成長していないね。

分裂した細胞が大きくなるので、根が成長する。

細胞分裂がさかんなところ。

　細胞分裂が行われて細胞の数がふえることと、分裂した細胞が大きくなることで、生物のからだが成長します。

　生物のからだをつくっている細胞を**体細胞**といい、からだが成長するときには細胞分裂によって体細胞の数がふえていきます。このような細胞分裂を**体細胞分裂**といいます。体細胞分裂が始まると、細胞の中にひものようなものが見られます。このひものようなものを**染色体**といいます。染色体には、生物の形や性質（**形質**）のもととなる**遺伝子**がふくまれています。細胞分裂が始まる前に、それぞれの染色体と同じものがもう1つずつつくられ、染色体の数は2倍になります。これを染色体の**複製**といいます。

【**体細胞分裂のようす**】植物細胞の場合

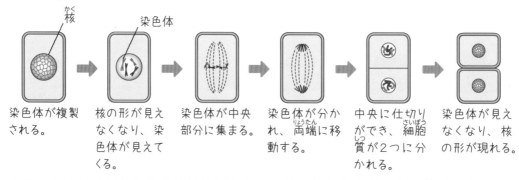

核

染色体

染色体が複製される。

核の形が見えなくなり、染色体が見えてくる。

染色体が中央部分に集まる。

染色体が分かれ、両端に移動する。

中央に仕切りができ、細胞質が2つに分かれる。

染色体が見えなくなり、核の形が現れる。

　細胞分裂が始まる前に染色体は複製されて2倍になりますが、細胞分裂によって2つに分けられるので、1つの細胞にふくまれる染色体の数は変わりません。

基 本 練 習

→ 答えは別冊12ページ

1 [　　　] にあてはまる語句を書きましょう。

(1) からだをつくる細胞が分裂する細胞分裂を [　　　　　　　] と
いう。

(2) 形質のもととなる [　　　　　　　] は、細胞の核内の染色体に
ある。

2 図1は、タマネギの根の先端のようすを表したものです。図2のP～Rは、図
1のa～cのいずれかの部分の細胞を染色し、顕微鏡を使って同じ倍率で観察
したものです。また、図3は、図2のPと同じ部分から新たに得た細胞を、う
すい塩酸にひたしたあと、染色してつぶし、顕微鏡を使って同じ倍率で観察
したものです。あとの問いに答えましょう。

[富山県]

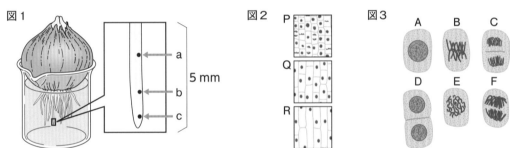

図1　　　　　　　　　　　　　　　図2　　　　　　　図3

(1) 図1のaの部分を観察したものはどれか、図2のP～Rから適切なものを1
つ選びましょう。　　　　　　　　　　　　　　　　[　　　　]

(2) 図3のA～Fを体細胞分裂の順に並べ、記号で答えましょう。ただし、Aを
最初とします。　　[A → 　　 → 　　 → 　　 → 　　]

(3) タマネギの根の細胞で、染色体が複製される前の段階の細胞1個にふくま
れる染色体の数をX本とした場合、図3のDとEの細胞1個あたりの染色体
の数を、それぞれXを使って表しましょう。

D [　　　　　　]　　　E [　　　　　　]

ミス注意 **2** (1)　細胞分裂は、根の先端付近で行われる。根もとに近い部分では、分裂した細胞が大き
く成長している。

学習した日　　／　　□ もう一度　□ バッチリ!

42 生物はどうやってふえるの？

生物が自分と同じ種類の新しい個体（子）をつくることを**生殖**といいます。

体細胞分裂によって新しい個体をつくる生殖を**無性生殖**といいます。無性生殖では、雌雄の親を必要としません。植物の中にも、からだの一部から新しい個体をつくるものがいます。このような無性生殖を**栄養生殖**といいます。

無性生殖では親子が同じDNAをもち、同じ形質になるんだ。

雌雄の親がかかわって子ができる生殖を**有性生殖**といいます。有性生殖を行う生物は、生殖のために特別な細胞（**生殖細胞**）をつくります。この生殖細胞の核が合体することを**受精**といい、受精によってできた新しい細胞を**受精卵**といいます。

受精卵は体細胞分裂をくり返して**胚**になり、組織や器官をつくって成長します。この成長の過程を**発生**といいます。

【被子植物の有性生殖】

❶**胚珠**の中で卵細胞が、**花粉**の中で精細胞がつくられる。
❷**受粉**し、花粉から**花粉管**がのびる。
❸花粉管の中を精細胞が移動し、胚珠の中の卵細胞と受精する。

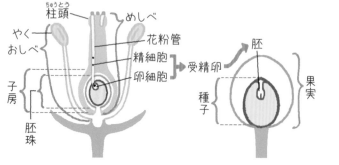

植物の生殖細胞は卵細胞と精細胞だよ。

【動物の有性生殖】

❶雌の**卵巣**で卵が、雄の**精巣**で精子がつくられる。
❷受精し、受精卵ができる。

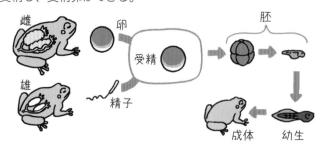

動物の生殖細胞は卵と精子だよ。

基本練習

→ 答えは別冊12ページ

1 有性生殖を行う生物が、生殖のためにつくる特別な細胞のことを

[ ] という。

2 右の表は、ジャガイモの新しい個体をつくる2つの方法を表したものです。方法Xは、ジャガイモAの花のめしべにジャガイモBの花粉を受粉させ、できた種子をまいてジャガイモPをつくる方法です。方法Yは、ジャガイモCにできた「いも」を植え、ジャガイモQをつくる方法です。

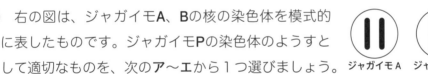

これについて、次の問いに答えましょう。 [栃木県]

(1) 方法Xと方法Yのうち、無性生殖により新しい個体をつくる方法はどちらですか、記号で答えましょう。また、このようなジャガイモの無性生殖を何といいますか。

記号 [ ]   名称 [ ]

(2) 右の図は、ジャガイモA、Bの核の染色体を模式的に表したものです。ジャガイモPの染色体のようすとして適切なものを、次の**ア〜エ**から1つ選びましょう。

 ジャガイモA   ジャガイモB

ア   イ   ウ   エ

[ ]

(3) 方法Yは、形質が同じジャガイモをつくることができます。形質が同じになる理由を、分裂の種類と遺伝子に着目して、簡単に書きましょう。

[ ]

:-) **ミス注意** **2**(1) **方法Xでは種子でふえるので受精が行われているが、方法Yではいもでふえるので受精が行われていない。**

学習した日 [/] □ もう一度 □ バッチリ!

43 子が親に似るのはなぜ？

遺伝子が親から子に伝わることで親の形質が子や孫に伝わることを**遺伝**といいます。

生殖細胞は、染色体の数がもとの細胞の半分になる細胞分裂によってつくられます。このような細胞分裂を**減数分裂**といいます。

【遺伝子の伝わり方】

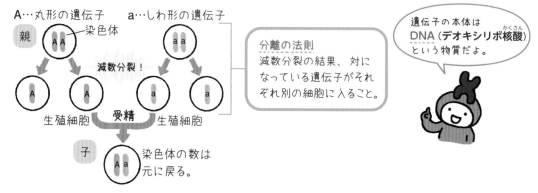

A…丸形の遺伝子　a…しわ形の遺伝子

親　染色体

減数分裂！

生殖細胞　受精　生殖細胞

子　染色体の数は元に戻る。

分離の法則
減数分裂の結果、対になっている遺伝子がそれぞれ別の細胞に入ること。

遺伝子の本体はDNA（デオキシリボ核酸）という物質だよ。

親、子、孫と世代を重ねても、常に親と同じ形質をもつ個体ができる場合、それらを**純系**といいます。

エンドウの形には丸形としわ形があり、子にはそのどちらかの形質しか現れません。このように、同時に現れない2つの形質どうしを**対立形質**といいます。

対立形質をもつ純系をかけ合わせたとき
子に現れる形質…**顕性（の）形質**
子に現れない形質…**潜性（の）形質**

【親から子への遺伝子の伝わり方】

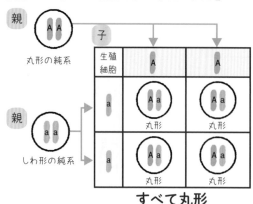

親　丸形の純系

親　しわ形の純系

子　生殖細胞

A　Aa 丸形　Aa 丸形

a　Aa 丸形　Aa 丸形

すべて丸形

【子から孫への遺伝子の伝わり方】

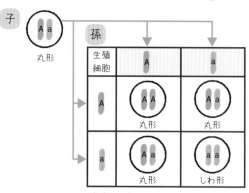

子　丸形

孫　生殖細胞

A　AA 丸形　Aa 丸形

a　Aa 丸形　aa しわ形

AA：Aa：aa＝1：2：1
丸形：しわ形＝3：1

基本練習　　→ 答えは別冊12ページ

1 ☐ にあてはまる語句を書きましょう。

(1)　代を重ねても、常に親と同じ形質になるとき、これを

　　☐　という。

(2)　同時には現れない対になる形質を ☐ という。

(3)　対になった遺伝子が、減数分裂のときに分かれて別々の生殖細胞に入るこ

　　とを ☐ の法則という。

(4)　対立形質をもつ純系どうしをかけ合わせたとき、

　　子に現れる形質を ☐ 形質という。

2 エンドウの種子の形には「丸」と「しわ」の2つ
の形質がある。右の図のように、丸い種子をつく
る純系の個体と、しわのある種子をつくる純系の
個体をかけ合わせると、得られる子世代はすべて
丸い種子になります。この子世代を育て、自家受
粉させると孫世代の種子が得られます。これにつ
いて、次の問いに答えましょう。　　　　［長崎県］

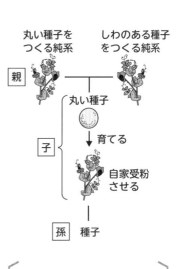

丸い種子を
つくる純系　　しわのある種子
　　　　　　をつくる純系

親

丸い種子

子

育てる

自家受粉
させる

孫　種子

(1)　右の図のかけ合わせにおいて、子世代に現れ
ない「しわ」のような形質を何といいますか。

〔　　　　　　　　〕

(2)　下線部について、ここで得られる孫世代の種子全体のうち、種子の形が「丸」
になる割合は理論上何%になると考えられますか。

〔　　　　　　　　〕

😀 ミス注意　**2**(2)　種子の形を「丸」にする遺伝子をA、「しわ」にする遺伝子をaとすると、種子が
「丸」になる遺伝子の組み合わせは、AAとAaである。

学習した日　　／　　□ 😐 もう一度　□ 😀 バッチリ!

1章

2章

3章
生物分野

4章

模試

44 生物はどのように進化してきた？

生物が長い年月をかけて世代を重ねる間に形質が変化することを**進化**といいます。

　脊椎動物の前あしにあたる部分は見かけの形やはたらきはちがいますが、骨格を比べると基本的なつくりが同じです。このような器官を**相同器官**といいます。相同器官は、共通する祖先から進化したことを示す証拠の１つと考えられています。

【相同器官】

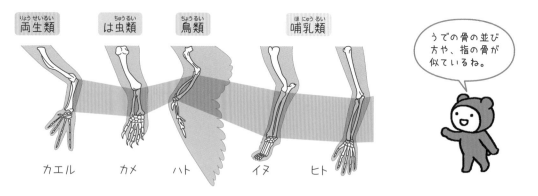

> うでの骨の並び方や、指の骨が似ているね。

　地球上に最初に現れた脊椎動物は魚類で、海で生活していました。この魚類の中から陸上で生活できる両生類が進化しました。やがて両生類の中から、陸上の乾燥に耐えられるは虫類や哺乳類が現れました。さらに、鳥類とは虫類の両方の特徴をもつ**始祖鳥**の存在から、は虫類の中から鳥類が進化したと考えられています。このように、脊椎動物は、水中生活から陸上生活に適したものへと進化したと考えられています。

始祖鳥の姿の想像図

【脊椎動物が出現した時代】

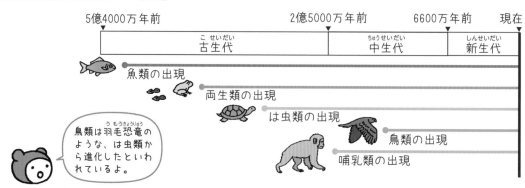

> 鳥類は羽毛恐竜のような、は虫類から進化したといわれているよ。

基 本 練 習

→ 答えは別冊12ページ

1 生物が長い年月をかけて世代を重ねる間に、形質が変化することを何といいますか。

〔　　　　　〕

2 図は、カエルの前あし、ハトの翼、ヒトの腕を骨格がわかるように示した模式図です。図のように、現在の外形やはたらきは異なりますが、基本的なつくりに共通点があり、もとは同じものから変化したと考えられるからだの部分があります。生物が進化した証拠の1つとしてあげられる、このようなからだの部分を何といいますか。　　　　〔長崎県〕

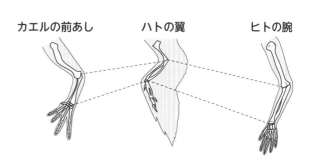

カエルの前あし　　ハトの翼　　ヒトの腕

〔　　　　　〕

3 無脊椎動物と脊椎動物は共通の祖先から長い時間をかけて進化してきました。右の図は、両生類、魚類など、脊椎動物の5つのグループについて、それぞれの特徴をもつ化石がどのくらい前の年代の地層から発見されるか、そのおおよその期間を示したものです。
（ X ）〜（ Z ）にあてはまる脊椎動物のグループの組み合わせとして適切なものを、右のア〜カから1つ選びましょう。〔佐賀県〕

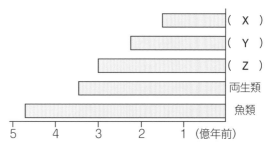

	X	Y	Z
ア	哺乳類	鳥類	は虫類
イ	哺乳類	は虫類	鳥類
ウ	鳥類	哺乳類	は虫類
エ	鳥類	は虫類	哺乳類
オ	は虫類	哺乳類	鳥類
カ	は虫類	鳥類	哺乳類

〔　　　　　〕

😀 ミス注意 ③ 両生類の中から、陸上の乾燥に耐えられるYとZのなかまが進化した。さらに、ZのなかまからXのグループが進化したと考えられている。

学習した日　／　□ もう一度　□ バッチリ!

自然界のネットワークを考えよう!

生態系とは、ある地域に生息する生物とそれをとり巻く環境を1つのまとまりとしてとらえたものです。生物どうしの食べる、食べられるという関係を**食物連鎖**といいますが、生態系では食物連鎖は網の目のようにからみ合っていて、これを**食物網**といいます。

植物のように**光合成**を行い、無機物から有機物をつくり出すことができる生物を**生産者**、ほかの生物から有機物を得る生物を**消費者**といいます。ある生態系で生物の数量を調べると、生産者である植物の数量が最も多く、消費者である草食動物、小形の肉食動物、大形の肉食動物の順に数量が少なくなります。

【生物の数量的関係】

たくさんの植物が、ピラミッドを支えているんだね。

【生物の数量のつり合い】

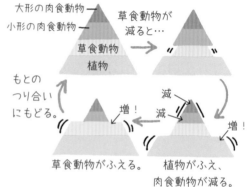

草食動物が減ると…

もとのつり合いにもどる。

草食動物がふえる。

植物がふえ、肉食動物が減る。

生物の死がいや排出物から栄養分を得る生物を**分解者**といいます。分解者は有機物を無機物に分解します。

分解者にはミミズなどの土の中の小動物や菌類（カビやキノコのなかま）、細菌類（大腸菌や乳酸菌など）がいるよ。

炭素や酸素などの物質は、生物の活動によって、生物と外界の間を循環しています。

【物質の循環】

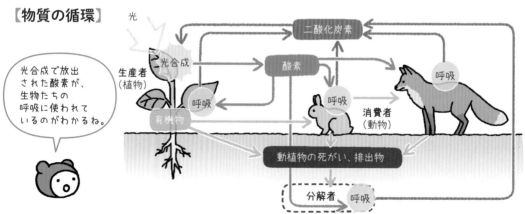

光合成で放出された酸素が、生物たちの呼吸に使われているのがわかるね。

光　二酸化炭素　光合成　酸素　呼吸　生産者（植物）　有機物　消費者（動物）　動植物の死がい、排出物　分解者　呼吸

基本練習

→ 答えは別冊13ページ

1 ☐ にあてはまる語句を書きましょう。

(1) ある環境とそこにすむ生物を1つのまとまりとしてとらえたものを、

☐ という。

(2) 生物どうしの食べる・食べられるという関係のつながりを

☐ という。

(3) (2)が複数の生物間で網の目のようにからみ合ったものを

☐ という。

2 右の図は、生態系における炭素の循環を模式的に表したもので、A〜Cはそれぞれ草食動物、肉食動物、菌類・細菌類のいずれかです。次の問いに答えましょう。 [愛媛県]

大気中の二酸化炭素

p q (A) (B)

植物 (C)

→ は炭素の流れを示す。

(1) 草食動物や肉食動物は、生態系におけるはたらきから、生産者や分解者に対して、☐ 者とよばれる。☐ にあてはまる適切な語句を書きましょう。

[ ]

(2) 次の文の①、②の { } から、適切なものを1つずつ選びましょう。

植物は、光合成によって①{**ア** 有機物を無機物に分解する **イ** 無機物から有機物をつくる}。また、図のp、qの矢印のうち、光合成による炭素の流れを示すのは、②{**ウ** pの矢印 **エ** qの矢印} である。

① [ ] ② [ ]

(3) 菌類・細菌類は、上の図のA〜Cのどれにあたりますか。A〜Cの記号で書きましょう。また、カビは、菌類と細菌類のうち、どちらにふくまれますか。

菌類・細菌類 [ ] カビ [ ]

😊 ミス注意 **2** (2) 光合成では光を受けて、大気中の二酸化炭素と水を原料としてデンプンなどの有機物をつくるため、植物は生産者とよばれる。

学習した日 / ☐ もう一度 ☐ バッチリ!

実戦テスト ❻

答えは別冊19ページ

得点 ／100点

❸章 生物分野

1 ヒトのからだと生物のふえ方に関する次の問いに答えなさい。

各10点 [愛媛県]

[実験] ヒトのだ液のはたらきを調べるために、うすいデンプン溶液を5 cm³ずつ入れた試験管A〜Dを用意した。次に、AとBに水でうすめたヒトのだ液を1 cm³ずつ加え、CとDには水を1 cm³ずつ加えて、右の図のように、約40℃の湯で15分間あたためた。A〜Dを湯からとり出し、AとCにヨウ素液を数滴ずつ加え、試験管内のようすを観察した。BとDには、ベネジクト液を2 cm³ずつ加えたあと、沸騰石を入れて加熱し、加熱前後の試験管内のようすを観察した。右の表は、その結果をまとめたものである。

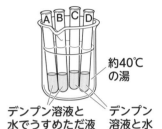

約40℃の湯

デンプン溶液と水でうすめただ液　デンプン溶液と水

試験管	試験管内のようす
A	変化しない。
B	赤褐色に変化する。
C	青紫色に変化する。
D	変化しない。

(1) 実験において、次のⅠ、Ⅱのことが確認できました。
　Ⅰ　だ液のはたらきにより、試験管内の溶液中のデンプンが確認できなくなったこと
　Ⅱ　だ液のはたらきにより、試験管内の溶液中に麦芽糖などが確認できるようになったこと
　　これらのことから、だ液のはたらきにより、試験管内の溶液中のデンプンが、麦芽糖などに変化したことがわかりました。Ⅰ、Ⅱのことは、試験管A〜Dのうち、どの2つを比較したとき確認できますか。Ⅰ、Ⅱについて2つずつ選びなさい。

Ⅰ〔　　　　　〕　Ⅱ〔　　　　　〕

(2) 次のア〜エのうち、だ液にふくまれる、デンプンを麦芽糖などに分解する消化酵素の名称として適切なものを1つ選び、記号で答えなさい。

ア　アミラーゼ　　イ　トリプシン　　ウ　ペプシン　　エ　リパーゼ

〔　　　　　〕

(3) 次の文の①にあてはまる適切な語句を書きなさい。また、②、③の{　}の中から適切なものを1つずつ選び、記号で答えなさい。

デンプン、タンパク質、脂肪などの養分は、消化酵素によって分解される。消化酵素によって分解されてできた物質は、小腸の内側の壁にある ① とよばれる突起から吸収され、 ① の内部の毛細血管やリンパ管に入り、血液によって全身に運ばれる。また、脂肪の消化を助けるはたらきをする胆汁は②{ア　肝臓　イ　胆のう}でつくられ、すい液中の消化酵素とともにはたらくことで、脂肪が③{ウ　アミノ酸　エ　脂肪酸}とモノグリセリドに分解される。

①〔　　　　　〕　②〔　　　〕　③〔　　　〕

114

2 タマネギの根の先端を用いて体細胞分裂を観察しました。下の図は、そのスケッチです。これについて、次の問いに答えなさい。

各10点［岐阜県］

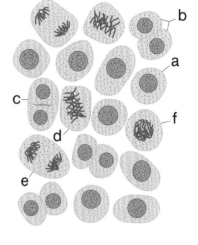

(1) 図の a 〜 f は、体細胞分裂の過程で見られる異なった段階の細胞を示しています。a をはじまりとして、b〜f を体細胞分裂の順に並べなさい。

〔 a、　　　　　　　　　　　　　　　　　　　〕

(2) タマネギの根で見られる体細胞分裂について、正しく述べている文はどれですか。次のア〜エから１つ選び、記号で答えなさい。

ア 体細胞分裂は、タマネギの根のどの部分を用いても観察することができる。

イ 体細胞分裂が行われて細胞の数がふえるとともに、それぞれの細胞が大きくなることで、タマネギの根は成長する。

ウ 体細胞分裂した直後の細胞の大きさは、体細胞分裂する直前の大きさと比べて約２倍の大きさである。

エ 体細胞分裂した細胞の染色体の数は、体細胞分裂する前の細胞の染色体の数と比べて半分である。

〔　　　　〕

3 右の図は、受精前のアブラナの花の断面を観察してスケッチしたものです。これについて、次の問いに答えなさい。

各10点［佐賀県］

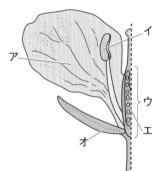

(1) 受精して種子になる部分はどこですか。右の図のア〜オから１つ選び、記号で答えなさい。

〔　　　　〕

(2) アブラナの花弁の細胞の染色体の数は20本です。このアブラナの胚の細胞、精細胞、がくの細胞について、それぞれの染色体の数の組み合わせとして適切なものを、次のア〜カから１つ選び、記号で答えなさい。

	胚の細胞	精細胞	がくの細胞
ア	5	5	10
イ	5	10	20
ウ	10	5	10
エ	10	10	20
オ	20	5	10
カ	20	10	20

〔　　　　〕

成績が上がらないときは？

🙂 大切なのは勉強の「質」を上げること

「やったつもり」になっていない？

　「勉強しているつもりなのに、なかなか成績が上がらない」といった経験がある人はいませんか？　そんなときは、成績が上がらない原因を探る必要があります。例えば、次のような原因が考えられます。

・「やれ」と言われたことを、嫌々やっているだけで、実際には集中できていない。
・なんとなく教科書を読んだり、解答解説を見ながら問題を解いたりして、わかった気になっているだけである。
・塾に行って授業を聞いているだけで、予習も復習もしていない。

　このように、「やったつもり」になっているのでは、実際のテストで点は取れないし、成績も上がりません。

　大切なのは、意欲的にその教科に取り組み、予習復習を習慣化したり、問題集に取り組んだりすることです。テストで点を取るためにはどうしたらよいか、成績を上げるためにはどうしたらよいかを考えながら、勉強の質を上げていきましょう。

🙂 勉強が得意な人のマネをしてみよう

成績がいい人にやり方を聞いてみよう

　しっかりと考えて自主的に勉強しているはずなのに、成績が上がらないという人にはやり方を変えてみることをおすすめします。
　最も効率がよいのは、自分よりも成績がいい人のやり方を聞いて、マネしてみることです。

> 学校の先生や塾の先生にアドバイスをもらってもいいね。

　ただし、どんな勉強法が合うのかは、人それぞれ違います。成績がよい友人のやり方をマネたとしても、確実に成績が上がるとは言い切れません。大切なのは、自分に合った方法が見つかるまで、いろいろなやり方を探ってみることです。いくつか、取り組みやすい方法をご紹介します。

・曜日ごとに勉強する教科を決め、勉強計画を立てる。
・朝か夜、15分程度時間を決めて、暗記をする。
・苦手な教科は、薄い問題集を用意してくり返し取り組む。

4章

章

地学分野

46 地層のでき方と岩石の種類を知ろう!

岩石は、気温の変化や風雨によって**風化**したり、雨水や流水によって**侵食**されたりして、れき・砂・泥になります。そして、流水によって**運搬**され、海底などに**堆積**することで、**地層**ができます。

堆積したものが長い年月の間に押し固められてできた岩石を**堆積岩**といいます。

	堆積するもの	特徴	
れき岩	れき（直径2mm以上）	流水のはたらきによって角がけずられるため、粒が丸みを帯びている。	
砂岩	砂（直径0.06〜2mm）		
泥岩	泥（直径0.06mm以下）		
凝灰岩	火山灰など	角ばった鉱物をふくむことがある。	
石灰岩	生物の死がいや水にとけていた成分	うすい塩酸をかけると二酸化炭素が発生する。	
チャート		ハンマーでたたくとハンマーの鉄がけずれて火花が出るほどかたい。うすい塩酸をかけても気体は発生しない。	

地層ができた当時の環境を推定する手がかりとなる化石を**示相化石**、地層ができた時代（**地質年代**）を推定する手がかりとなる化石を**示準化石**といいます。

【示相化石】

限られた環境にいる生物の化石。

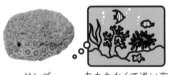

サンゴ　／　あたたかくて浅い海

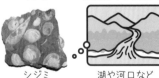

シジミ　／　湖や河口など

【示準化石】

限られた時代の広い範囲で栄えた生物の化石。

5億4000万年前〜
古生代

サンヨウチュウ

フズリナ

2億5000万年前〜
中生代

アンモナイト

恐竜

6600万年前〜
新生代

ビカリア

マンモス

シジミ、恐竜、マンモスは©アフロ

基本練習

→ 答えは別冊13ページ

1 にあてはまる語句を書きましょう。

(1) 気温の変化や風雨のはたらきによって、岩石が表面からくずれていくこと

を [   ] という。

(2) 地層ができた時代を推定できる化石を [   ] という。

2 堆積岩を観察して調べました。次の問いに答えましょう。 [岐阜県]

(1) 次の ① 、 ② にあてはまる語句の正しい組み合わせを、あとの**ア**
〜**カ**から１つ選びましょう。

砂、泥、れきは、粒の大きさで分類されている。そのうち、粒の大きさが

最も大きいものを ① といい、最も小さいものを ② という。

ア ① 砂   ② 泥   **イ** ① 泥   ② 砂

ウ ① れき   ② 砂   **エ** ① 砂   ② れき

オ ① 泥   ② れき   **カ** ① れき   ② 泥   [   ]

(2) 堆積岩について、正しく述べている文はどれですか。次の**ア**〜**エ**から適切
なものを１つ選びましょう。

ア 堆積岩はマグマが冷えて固まった岩石である。

イ 凝灰岩にうすい塩酸をかけると、とけて気体が発生する。

ウ 石灰岩は火山灰が固まった岩石である。

エ チャートは鉄のハンマーでたたくと鉄がけずれて火花が出るほどかたい。

[   ]

3 化石について調べたところ、示相化石とよばれる化石があることを知りました。
示相化石からはどのようなことが推定できますか。 [宮崎県]

[   ]

😊 入試対策 **3** 示相化石や示準化石となるのは、それぞれどのような生物の化石かを整理しておこう。

学習した日 ／   □ もう一度 □ バッチリ!

47 地層からどんなことがわかる？

流水のはたらきで河口まで運ばれたれき、砂、泥は、粒の大きいものほど速く沈むので、れきは河口付近に、泥は沖のほうに堆積します。また、地層は土砂がくり返し堆積してできるため、ふつう、下にある地層ほど古い層になります。

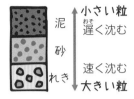

泥｜小さい粒
遅く沈む
砂
れき｜速く沈む
大きい粒

下の図のように、ある地点での地層をつくる粒の大きさや種類、地層の重なり方などを柱状に表したものを**柱状図**といいます。

【柱状図からわかること】

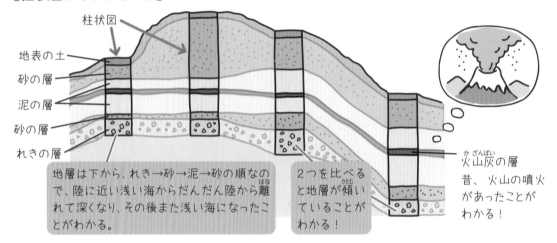

柱状図
地表の土
砂の層
泥の層
砂の層
れきの層

地層は下から、れき→砂→泥→砂の順なので、陸に近い浅い海からだんだん陸から離れて深くなり、その後また浅い海になったことがわかる。

2つを比べると地層が傾いていることがわかる！

火山灰の層
昔、火山の噴火があったことがわかる！

離れた地層でも、同じ時代にできた層があれば、地層の広がりを推定することができます。このように、地層の広がりを知る手がかりになる層を**鍵層**といいます。

火山灰の層や化石をふくむ層が鍵層になるよ。

地層に大きな力がはたらくと、**しゅう曲**や**断層**が生じることがあります。

【しゅう曲】
地層が曲がったもの。

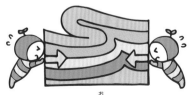

両側から押される。

【断層】
地層がずれたもの。

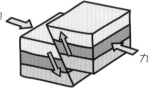

両側から押される。

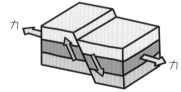

両側から引っ張られる。

基本練習

→ 答えは別冊13ページ

1 □ にあてはまる語句を書きましょう。

(1) 地層の重なりを柱状に表したものを □ という。

(2) 離れた地層を比べるときに利用する層を □ とい

う。

2 右の図は、地点A、B、C、Dで
のボーリング試料を用いて作成し
た柱状図です。各地点で見られる
凝灰岩(ぎょうかいがん)の層は同一のものです。次
の問いに答えましょう。 [茨城県]

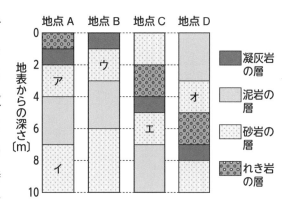

地点A 地点B 地点C 地点D

■ 凝灰岩
の層

▨ 泥岩の
層

▨ 砂岩の
層

▨ れき岩
の層

(1) 右の図のア、イ、ウ、エ、オの
砂岩の地層のうち、堆積した時
代が最も新しいものはどれです
か。図のア〜オから適切なものを1つ選びましょう。

〔 　　　 〕

(2) 地点Aでは、凝灰岩の層の下に、砂岩、泥岩、砂岩の層が下から順に重なっ
ている。これらは、地点Aが海底にあったとき、川の水によって運ばれた土
砂が長い間に堆積してできたものであると考えられる。凝灰岩の層よりも下
の層のようすをもとにして、地点Aに起きたと考えられる変化として、適切
なものを、次のア〜エから1つ選びましょう。

ア 地点Aから海岸までの距離(きょり)がしだいに短くなった。

イ 地点Aから海岸までの距離がしだいに長くなった。

ウ 地点Aから海岸までの距離がしだいに短くなり、その後しだいに長く
なった。

エ 地点Aから海岸までの距離がしだいに長くなり、その後しだいに短く
なった。

〔 　　　 〕

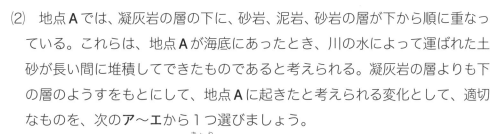

😊 ミス注意 **2**(1) 鍵層となるのはどの層かを、まず考えてみよう。その層の上か下かで堆積した時代の新
旧を見分けよう。凝灰岩は火山灰が押し固まってできた岩石のことだ。

学習した日 ／ □ もう一度 □ バッチリ!

48 火山でできる岩石の特徴は？

マグマのねばりけによって、火山の形や噴火のようす、溶岩の色などが変わります。

【マグマのねばりけと火山の形】

弱い ← マグマのねばりけ → 強い

ねばりけが中間だと円すい形の火山になるよ

	火山の形	
ゆるやかな傾斜		盛り上がる
黒っぽい	溶岩や火山灰・岩石の色	白っぽい
おだやかに溶岩が流れ出る	噴火のようす	激しく爆発

マグマが冷え固まった岩石を**火成岩**といいます。火成岩は、マグマの冷え方によって**火山岩**と**深成岩**の2つのグループに分けられます。

鉱物には、無色鉱物と有色鉱物があり、ふくまれる鉱物の種類や割合によって、火山岩や深成岩は、いくつかの種類に分けられます。

●**無色鉱物**
…石英、長石
●**有色鉱物**
…黒雲母、カクセン石、輝石、カンラン石

【火山岩】

マグマが地表や地表近くで急に冷えて固まった岩石。

斑晶
比較的大きな鉱物
石基
小さな鉱物やガラス質の部分

石基と斑晶からできている。
→**斑状組織**

【深成岩】

マグマが地下深くでゆっくり冷えて固まった岩石。

大きな鉱物が組み合わさってできている。
→**等粒状組織**

【火山岩と深成岩にふくまれる鉱物】

白っぽい ← 色 → 黒っぽい
強い ← マグマのねばりけ → 弱い

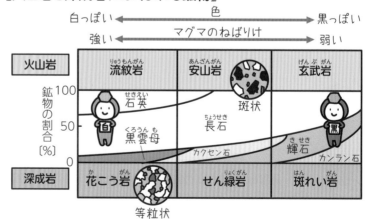

火山岩	流紋岩	安山岩	玄武岩

斑状

鉱物の割合〔%〕 100 / 50 / 0

石英　長石　黒雲母　カクセン石　輝石　カンラン石

深成岩	花こう岩	せん緑岩	斑れい岩

等粒状

122

1章

2章

3章

4章 地学分野

模試

1 (1)・(3)は正しいものを〇で囲み、(2)はあてはまる語句を書きましょう。

(1) ねばりけが弱いマグマからできた火成岩は（　白っぽい・黒っぽい　）。

(2) 火成岩は、斑状組織をもつ [　　　　　　　] と

等粒状組織をもつ [　　　　　　　] に分けられる。

(3) 火山岩は、マグマが（　地表や地表近く・地下深く　）で、
（　急に・ゆっくり　）冷やされてできる。

2 火山に関する次の問いに答えましょう。 ［愛媛県・改］

[観察] 火成岩 A、B をルーペで観察したところ、岩石のつくりに、異なる特徴が確認できた。右の図は、そのスケッチである。ただし、火成岩 A、B は花こう岩、安山岩のいずれかである。

斑晶
石基
2 mm
火成岩A

2 mm
火成岩B

(1) 図の火成岩 A では、石基の間に斑晶が散らばっているようすが見られました。このような岩石のつくりは [　　] 組織とよばれます。[　　] にあてはまる適切な語句を書きましょう。

〔　　　　　　　　　　　〕

(2) 次の文中の（　）の中から適切なものを選び、〇で囲みましょう。

・火成岩 A、B のうち、花こう岩は（　火成岩 A・火成岩 B　）である。
また、地表で見られる花こう岩は、
（　流れ出たマグマが、そのまま地表で冷えて固まったもの・
地下深くでマグマが冷えて固まり、その後、地表に現れたもの　）である。

・一般に、激しく爆発的な噴火をした火山のマグマのねばりけは
（　強く・弱く　）、そのマグマから形成される火山灰や岩石の色は
（　白っぽい・黒っぽい　）。

 入試対策 **2**(2) マグマのねばりけと、噴火のようすや火山灰などの色、火山の形の関係はよく出題されるので、しっかり整理しておこう。

地震はどうやって伝わるの？

地震が発生した地下の場所を**震源**、震源の真上の地表の地点を**震央**といいます。

地震によるゆれの大きさは**震度**で表し、地震そのものの規模は**マグニチュード**（記号M）で表します。

●**震度**
・大きさは 10 段階。
・地点によって大きさが異なる。
・ふつう、震源に近いほど大きい。

●**マグニチュード**
・数値が1大きくなると、地震のエネルギーは約 32 倍になり、震度も大きくなる。

地震が起きた瞬間には、**初期微動**を伝える**P波**、**主要動**を伝える**S波**という2種類の波が発生しています。地震の波を地震計で記録すると、下のような波形になります。

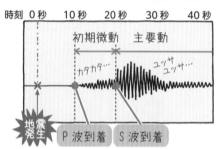

$$
\text{P波・S波の速さ〔km/s〕} = \frac{\text{波が伝わる距離〔km〕}}{\text{伝わるのにかかった時間〔s〕}}
$$

初期微動が始まってから主要動が始まるまでの時間を**初期微動継続時間**といいます。震源からの距離が大きいほど、初期微動継続時間は長くなります。

【震源からの距離とP波・S波の到着時刻】

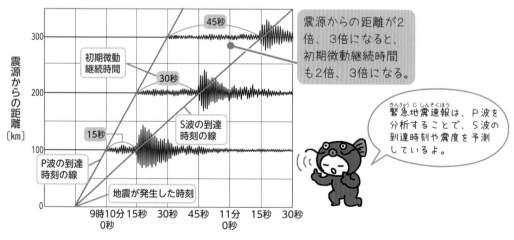

震源からの距離が2倍、3倍になると、初期微動継続時間も2倍、3倍になる。

緊急地震速報は、P波を分析することで、S波の到達時刻や震度を予測しているよ。

日本の近くでは**大陸プレート**の下に**海洋プレート**が沈みこんでいます。大陸プレートがひずみにたえきれなくなってはね上がることで、大きな地震が起こります。

→ 答えは別冊14ページ

1 地震について、正しいものを〇で囲みましょう。

(1) 地震が発生した場所を（　震源・震央　）、その真上の地表の地点を（　震源・震央　）という。

(2) 地震のゆれの大きさは（　震度・マグニチュード　）、地震そのものの規模は（　震度・マグニチュード　）で表される。

2 右の表は、日本のある地域で発生した地震について、地点 a ～ d それぞれにおける震源からの距離と、初期微動が始まった時刻および主要動が始まった時刻をまとめたものです。次の問い

地点	震源からの距離	初期微動が始まった時刻	主要動が始まった時刻
a	36 km	6時56分58秒	6時57分01秒
b	48 km	6時57分00秒	6時57分04秒
c	84 km	6時57分06秒	6時57分13秒
d	144 km	6時57分16秒	6時57分28秒

に答えましょう。ただし、初期微動を伝える波、主要動を伝える波の速さはそれぞれ一定であるものとします。

[山梨県]

(1) ① 、 ② に適切な語句、 ③ に適切な数字を書きましょう。

初期微動を伝える波を ① といい、主要動を伝える波を ② という。

また、地点cでは、初期微動は ③ 秒間続いたといえる。

① 〔　　　　　　　〕　② 〔　　　　　　　〕　③ 〔　　　　　　　〕

(2) この地震が発生した時刻は何時何分何秒ですか。

〔　　　　　　　　　　　　　〕

3 緊急地震速報について説明したものとなるように、次の文の（　　）の中で正しいものを〇で囲みましょう。

[山口県・改]

地震発生後、地震計で感知した（　P波・S波　）を直ちに解析することで、各地の（　初期微動・主要動　）の到達時刻やゆれの大きさを予測し、伝えるしくみである。

ミス注意 **2**(2) まず、P波の速さを求めよう。その後、P波が a 地点まで36 km伝わるのにかかる時間を求めると、地震の発生した時刻がわかるね。

学習した日　／　□ もう一度　□ バッチリ!

50 天気はどうやって決まるの？

　大気のようすは、**気温**、**湿度**、**風向**（風のふいてくる方位）・**風速**、**雲量**、**雨量**などの**気象要素**で表します。天気、風向・風力を記号で表したものを**天気図記号**といいます。

【天気図記号】

雲量0〜1が快晴、2〜8が晴れ、9〜10がくもりだよ。

天気	記号
快晴	○
晴れ	◐
くもり	◎
雨	●
雪	✳

風向
＝矢の向き
＝北東

天気　くもり

風力
＝矢ばねの数
＝4

　一定の面積（1 m²など）あたりの面を垂直に押す力の大きさを**圧力**といい、大気による圧力を**大気圧（気圧）**といいます。圧力の単位には、**パスカル**（**Pa**）やニュートン毎平方メートル（N/m²）、**ヘクトパスカル**（**hPa**）などを使います。

$$圧力（Pa）＝\frac{力の大きさ〔N〕}{力がはたらく面積〔m^2〕}$$

1 Pa＝1 N/m²、
1 hPa＝100 Paだよ。

　気圧の分布は、下の図のように**等圧線**で表します。

【天気図】

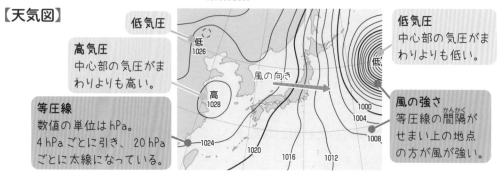

低気圧

高気圧
中心部の気圧がまわりよりも高い。

等圧線
数値の単位はhPa。
4 hPaごとに引き、20 hPaごとに太線になっている。

低気圧
中心部の気圧がまわりよりも低い。

風の向き

風の強さ
等圧線の間隔がせまい上の地点の方が風が強い。

低
1026

高
1028

1024　1020　1016　1012　1000　1004　1008

　地上では、高気圧から低気圧に向かって風がふきます。高気圧の中心付近では、下降気流によって雲ができにくく、晴れています。低気圧の中心付近では、上昇気流によって雲ができやすく、雨やくもりになります。

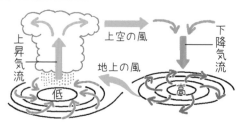

基本練習

→ 答えは別冊14ページ

1 □ にあてはまる語句を書きましょう。

雲量が0〜1のときを □ 、2〜8のときを

□ 、9〜10を □ とする。

2 岩見沢市における4月7日9時の気象情報を調べたところ、天気はくもり、風向は南、風力は4でした。岩見沢市における4月7日9時の、天気、風向、風力を、天気図記号で、右の図にかきましょう。　[静岡県]

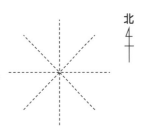

北

3 右の図のように、直方体のレンガを表面が水平な板の上に置きました。レンガのAの面を下にして置いたときの板がレンガによって受ける圧力は、レンガのBの面を下にして置いたときの板がレンガによって受ける圧力の何倍になりますか。　[静岡県]

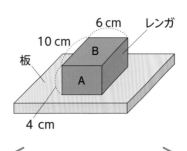

6 cm
10 cm
レンガ
B
板
A
4 cm

〔　　　　　　　　　〕

4 右の図は、ある日の日本付近の天気図です。地点A（図中の●地点）の気圧は何hPaですか。　[佐賀県]

〔　　　　　　　　　〕

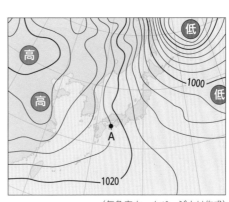

（気象庁ホームページより作成）

😊 ミス注意 **4** 等圧線は4hPaごとに引かれ、20hPaごとに太くすることを覚えておこう。

学習した日 ／ □ もう一度 □ バッチリ!

51 雲はどうやってできるの？

飽和水蒸気量、湿度、雲のでき方 #中2

空気1m³中にふくむことのできる水蒸気の最大量を**飽和水蒸気量**といいます。

水蒸気をふくむ空気が冷やされると、ある温度で水蒸気が水滴に変わり（凝結し）始めます。このときの温度を**露点**といいます。

【気温と飽和水蒸気量の関係】

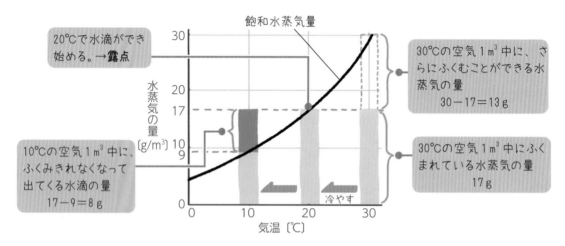

20℃で水滴ができ始める。→露点

飽和水蒸気量

30℃の空気1m³中に、さらにふくむことができる水蒸気の量
30－17＝13g

10℃の空気1m³中に、ふくみきれなくなって出てくる水滴の量
17－9＝8g

30℃の空気1m³中にふくまれている水蒸気の量
17g

冷やす

空気のしめりぐあいを表すのが**湿度**です。

$$湿度〔\%〕＝\frac{空気1m³中にふくまれる水蒸気量〔g/m³〕}{その温度での飽和水蒸気量〔g/m³〕}×100$$

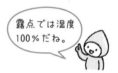

露点では湿度100%だね。

上昇する空気中にふくまれる水蒸気が小さな水滴や氷の粒になると、雲ができます。

【雲のでき方】

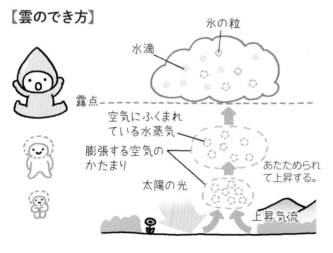

氷の粒
水滴
露点
空気にふくまれている水蒸気
膨張する空気のかたまり
太陽の光
あたためられて上昇する。
上昇気流

❶水蒸気をふくむ空気が上昇する。

❷上空の気圧が低いために空気が膨張する。

❸空気が膨張すると温度が下がる。

❹温度が露点よりも低くなると、空気中にふくまれている水蒸気の一部が小さな水滴や氷の粒になり、雲ができる。

基本練習

→ 答えは別冊14ページ

1 次の問いに答えましょう。(4)は（　　）の中の正しいものを〇で囲みましょう。

(1) 空気1 m³中にふくむことのできる水蒸気の最大量を何といいますか。

〔　　　　　　　〕

(2) ふくまれる水蒸気が凝結し始めるときの温度を何といいますか。

〔　　　　　　　〕

(3) 気温が26℃で、空気1 m³中に水蒸気が12.2 gふくまれているときの湿度を求めましょう。ただし、26℃のときの飽和水蒸気量は24.4 g/m³です。

〔　　　　　　　〕

(4) 上空ほど気圧が（　高い・低い　）ので、上昇した空気は（　圧縮・膨張　）して温度が（　上がる・下がる　）。(2)の温度以下になると、空気中の水蒸気の一部が水滴になり、雲ができる。

2 右の図は気温と飽和水蒸気量の関係を表したグラフです。ある地点の気温が15℃、湿度が40％であったとき、グラフから考えて、この地点の空気の露点として適切なものを、次のア～エから1つ選びましょう。

[京都府・改]

ア　約1℃　　イ　約6℃
ウ　約13℃　　エ　約18℃

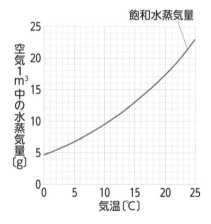

〔　　　　　　　〕

😃 **入試対策** **2** まず、湿度から空気1 m³中の水蒸気量を求めよう。露点は、空気1 m³中の水蒸気量が飽和水蒸気量と等しくなるときの気温だったね。

学習した日　　／　　□ もう一度　□ バッチリ！

52 前線が通過すると天気はどう変わる?

気温や湿度が一様で大規模な大気のかたまりを、**気団**といいます。冷たい気団の**寒気**とあたたかい気団の**暖気**がぶつかると、2つの気団の間に目には見えない境界の面ができます。これを**前線面**といい、前線面が地表と交わってできる線を**前線**といいます。

【前線面と前線】

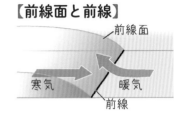

●**寒冷前線** ▼▼▼
・寒気が暖気を押し上げて進む前線。

●**停滞前線** ●▲●▲
・暖気と寒気の勢力が同じくらいで動かない前線。

●**温暖前線** ●●●
・暖気が寒気の上にはい上がって進む。

●**閉塞前線** ▲▲▲
・寒冷前線が温暖前線に追いついてできる前線。

寒冷前線や温暖前線が通過するとき、天気は大きく変化します。

【寒冷前線と温暖前線の通過】

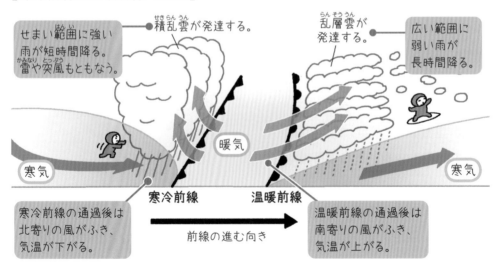

せまい範囲に強い雨が短時間降る。雷や突風もともなう。

積乱雲が発達する。

乱層雲が発達する。

広い範囲に弱い雨が長時間降る。

暖気

寒気

寒気

寒冷前線

温暖前線

前線の進む向き

寒冷前線の通過後は北寄りの風がふき、気温が下がる。

温暖前線の通過後は南寄りの風がふき、気温が上がる。

中緯度帯で発生する低気圧を**温帯低気圧**といいます。温帯低気圧の中心に向かって反時計回りに風がふきこみます。

日本付近では、多くの場合、温帯低気圧の西側には寒冷前線、東側には温暖前線ができます。

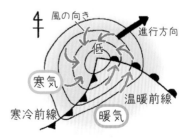

風の向き

進行方向

低

寒気

温暖前線

寒冷前線

暖気

基本練習

→ 答えは別冊14ページ

1 ⑴はあてはまる語句を書き、⑵・⑶は正しいものを○で囲みましょう。

⑴ 気温や湿度が一様な大気のかたまりを 〔　　　　　　　〕 という。

⑵ 寒冷前線が通過すると （ 北・南 ） 寄りの風がふく。

⑶ 温暖前線が通過すると （ 北・南 ） 寄りの風がふく。

2 右の図は、春分の日の正午ごろの天気図です。この日は、低気圧にともなう前線の影響で、大阪は広い範囲で雲が広がりました。図中のAで示された南西方向にのびる前線は、何とよばれる前線ですか。　　　[大阪府]

〔　　　　　　　　〕

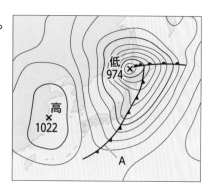

3 前線と天気の変化について、次の問いに答えましょう。　　[兵庫県・改]

⑴ 寒冷前線について説明した次の文の （　　） の中で正しいものを○で囲みましょう。

寒冷前線付近では、（ 寒気・暖気 ） は （ 寒気・暖気 ） の下にもぐりこみ、（ 寒気・暖気 ） が急激に上空高くに押し上げられるため、強い上昇気流が生じて、（ 積乱雲・乱層雲 ） が発達する。

⑵ 温暖前線の通過にともなう天気の変化として適切なものを、次の**ア〜エ**から1つ選びましょう。

ア 雨がせまい範囲に短時間降り、前線の通過後は気温が上がる。

イ 雨がせまい範囲に短時間降り、前線の通過後は気温が下がる。

ウ 雨が広い範囲に長時間降り、前線の通過後は気温が上がる。

エ 雨が広い範囲に長時間降り、前線の通過後は気温が下がる。

〔　　　　　　〕

😀 入試対策 **3** 寒冷前線や温暖前線にともなう雨の降り方や前線通過後の気温、風向はよく出題されるので、整理しておこう。

学習した日　／　□もう一度　□バッチリ!

いろいろな大気の動きを知ろう!

陸は海よりもあたたまりやすく、冷めやすくなっています。

海岸付近では、晴れた日の昼は、陸上の気温が海上よりも高くなるため、陸上に上昇気流が生じ、陸上の気圧が海上より低くなります。このため、海から陸に**海風**がふきます。

夜は、陸上の気温が海上よりも低くなるため、陸上に下降気流が生じ、陸上の気圧が海上より高くなります。このため、陸から海に**陸風**がふきます。

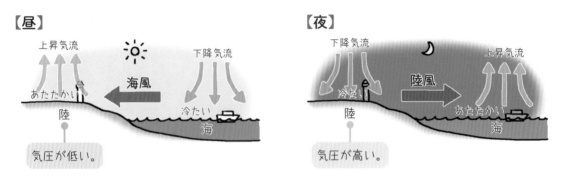

海風や陸風と同じようなしくみで、ユーラシア大陸と太平洋の間にふく風を**季節風**といいます。夏には南東の季節風が、冬には北西の季節風がふきます。

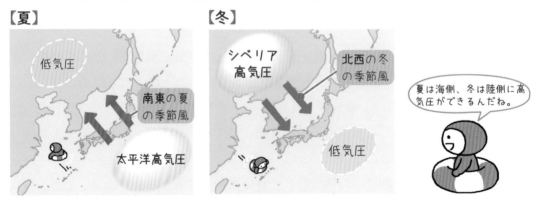

夏は海側、冬は陸側に高気圧ができるんだね。

日本列島の上空をふいている強い西風を**偏西風**といいます。偏西風は地球を西から東へと1周しています。

日本の天気が西から東へ移動するのは、この偏西風の影響です。

日本付近で春や秋によく見られる、西から東へ移動していく高気圧を**移動性高気圧**といいます。

基本練習

→ 答えは別冊15ページ

1 (1)・(2)は正しいものを○で囲み、(3)・(4)はあてはまる語句を書きましょう。

(1) 陸は海よりもあたたまり（ やすく・にくく ）、
冷め（ やすい・にくい ）。

(2) 晴れた日の夜間は、陸上の気温が海上の気温よりも（ 高く・低く ）なるため、陸上に（ 上昇・下降 ）気流が生じ、（ 陸・海 ）から（ 陸・海 ）に向かう風がふく。

(3) 冬には、大陸にできる ＿＿＿＿＿＿＿ 高気圧から太平洋の低気圧に向かって季節風がふく。

(4) 夏には、太平洋にできる ＿＿＿＿＿＿＿ 高気圧から大陸の低気圧に向かって季節風がふく。

2 海風と陸風について、右の図を用いて説明した文として適切なものを、次のア〜エから1つ選びましょう。 [長崎県]

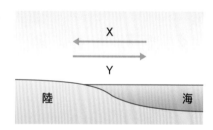

ア 陸は海よりあたたまりやすいため、昼はXの向きに海風がふく。

イ 陸は海よりあたたまりやすいため、昼はYの向きに海風がふく。

ウ 海は陸よりあたたまりやすいため、昼はXの向きに陸風がふく。

エ 海は陸よりあたたまりやすいため、昼はYの向きに陸風がふく。

〔　　　　〕

3 温帯低気圧が西から東へ移動することが多いのは、上空を西寄りの風がふいているからです。このように、中緯度帯に1年中ふく西寄りの風を何といいますか。 [山口県]

〔　　　　〕

😊 入試対策 **2** 海風や陸風がふくしくみはよく出題されるので、海と陸のあたたまり方のちがいや気圧の変化、生じる気流、風向などをまとめておこう。

133

54 日本の天気にはどんな特徴があるの？

日本付近には３つの大きな気団があります。これらが季節ごとに強まったり弱まったりして、季節に特有の気圧配置や前線をつくり出しています。

気団は高気圧がつくっているから，気団からは風がふき出してくるよ。

シベリア高気圧

オホーツク海高気圧

シベリア気団
・冬に発達する。
・冷たく乾燥している。

陸の気団

オホーツク海気団
・夏の前と後に発達する。
・冷たくしめっている。

海の気団

小笠原気団
・夏に発達する。
・あたたかくしめっている。

太平洋高気圧

【冬】

西高東低の気圧配置（西に高気圧、東に低気圧）。シベリア気団が発達し、北西の季節風がふく。日本海側は雪、太平洋側は晴れ。

【夏】

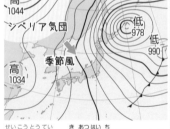

南高北低の気圧配置（南に高気圧、北に低気圧）になる。小笠原気団が発達し、南東の季節風がふく。

【春・秋】

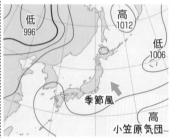

偏西風の影響を受けて、低気圧と移動性高気圧が交互に通過する。4～7日周期で天気が変わる。

【つゆ（梅雨）】

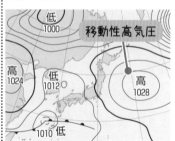

オホーツク海気団と小笠原気団の勢力がつりあい、停滞前線（梅雨前線）ができる。くもりや雨の日が続く。

【台風】

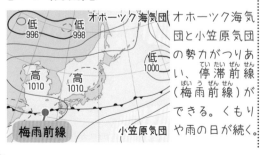

熱帯地方の海上で発生した熱帯低気圧が発達し、最大風速が17.2m/s以上になったもの。最初は北上し、やがて偏西風の影響で進路を東寄りに変えることが多い。

基本練習

➡ 答えは別冊15ページ

1 ◻ にあてはまる語句を書きましょう。

(1) 冬には、◻ 気団が発達する。

(2) 春には、偏西風の影響を受けて、日本付近を低気圧と

◻ が交互に通過する。

(3) 6月ごろになると、日本付近で ◻ 気団と小笠原

気団がぶつかり、2つの気団の間に ◻ 前線（梅雨

前線）ができる。

2 次の文章は、日本の天気の特徴について説明したものです。あとの問いに答え
ましょう。
[岡山県]

冬になると<u>ある高気圧</u>が発達して、 ① の冬型の気圧配置になり、冷
たく乾燥した季節風がふく。乾燥していた大気は、温度の比較的高い海水か
らの水蒸気をふくんで湿る。湿った大気が、日本の中央部の山脈などにぶつ
かって上昇気流を生じ、 ② 側に大雪をもたらす。

(1) 下線部の発達によって形成される気団を、右
の図の **X〜Z** から1つ選びましょう。

〔　　　　〕

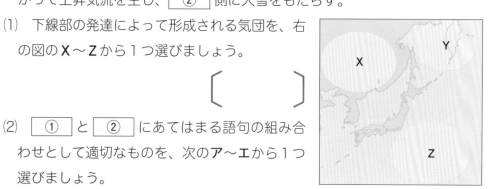

(2) ① と ② にあてはまる語句の組み合
わせとして適切なものを、次の**ア〜エ**から1つ
選びましょう。

ア ① 南高北低　② 太平洋　**イ** ① 南高北低　② 日本海
ウ ① 西高東低　② 太平洋　**エ** ① 西高東低　② 日本海

〔　　　　〕

😊 入試対策 **2**(2) 冬の季節風がもたらす大気が日本海上で水蒸気をふくむようになり、日本列島に雪を降
らせるしくみをしっかり覚えておこう。

4章 地学分野

1　資料は、ある日、地下のごく浅い場所で起こった地震について、地震の大きさと、同じ水平面上にある観測点A～Cにおける地震の記録をまとめたものです。次の問いに答えましょう。ただし、震源の深さは無視できるものとし、P波、S波はそれぞれ一定の速さで伝わるものとします。

各10点〔大分県〕

資料　・マグニチュード6.6　　・最大震度5強

観測点	震源からの距離	P波の到着時刻	S波の到着時刻
A	112 km	2時53分02秒	2時53分18秒
B	77 km	2時52分57秒	2時53分08秒
C	35 km	2時52分51秒	2時52分56秒

(1)　マグニチュードについて述べた文として適切なものを、次のア～エから1つ選びましょう。

　ア　地震の規模を表し、数値が1大きくなると地震のエネルギーは約32倍になる。

　イ　地震の規模を表し、数値が大きいほど初期微動継続時間は長い。

　ウ　ある地点での地震によるゆれの程度を表し、数値が大きいほど震源から遠い。

　エ　ある地点での地震によるゆれの程度を表し、震源から遠くなるにつれて小さくなる。　〔　　　　　〕

(2)　**資料**の各観測点の記録を用いた計算から予想されるこの地震の発生時刻は、2時何分何秒ですか。　〔　　　　　〕

2　右の図は、2021年10月5日9時の日本付近の天気図です。次の問いに答えましょう。

各10点〔兵庫県・改〕

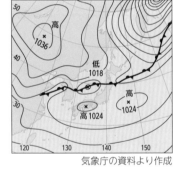

気象庁の資料より作成

(1)　ある地点の天気は晴れ、風向は東、風力は2でした。このときの天気図記号として適切なものを、次のア～エから1つ選びましょう。

ア 北　　イ 北　　ウ 北　　エ 北

〔　　　　　〕

(2)　右の図の季節の日本付近の天気について説明した次の文の　①　～　③　に入る語句を書きましょう。

　9月ごろになると、東西に長くのびた　①　前線の影響で、くもりや雨の日が続く。10月中旬になると、　①　前線は南下し、　②　の影響を受けて、日本付近を移動性高気圧と低気圧が交互に通過するため、天気は周期的に変化する。11月中旬をすぎると、　③　気団が少しずつ勢力を強める。

①〔　　　　　〕　②〔　　　　　〕　③〔　　　　　〕

3 下の図は、川で採集した3つの岩石のつくりを観察してスケッチしたものです。また、表はそれぞれの岩石の特徴を記録したものです。あとの問いに答えましょう。

各8点 [滋賀県]

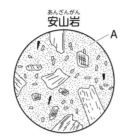
安山岩（あんざんがん）　A

花こう岩（かこうがん）

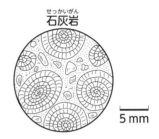
石灰岩（せっかいがん）
5 mm

岩石の種類	岩石の特徴
安山岩	やや大きい白色や黒色の鉱物が、粒を識別できない部分の中に散らばっている。
花こう岩	同じくらいの大きさの白い鉱物や、黒色の鉱物が組み合わさっている。
石灰岩	岩石の中に、大きさのちがうフズリナの化石が見られる。

(1) 上の図の安山岩のような岩石のつくりを斑状組織（はんじょうそしき）といいます。このとき、Aの部分を何といいますか。〔　　　　　　〕

(2) 花こう岩が、安山岩と比べて白っぽく見えるのはなぜですか。花こう岩にふくまれている鉱物の種類を1つあげて説明しましょう。
〔　　　　　　　　　　　　　　　　　　　　　　　　　　　〕

(3) フズリナの化石が見られた岩石が、石灰岩であることを確かめる方法として適切なものを、次のア〜エから1つ選びましょう。
ア たたくと、決まった方向にうすくはがれることを確かめる。
イ うすい塩酸をかけると、気体が発生することを確かめる。
ウ 磁石を近づけると、引き寄せられることを確かめる。
エ 鉄くぎでひっかいて、表面に傷（きず）がつかないことを確かめる。　〔　　　　〕

4 次の文は、雲ができるようすについて述べたものです。空気が上昇（じょうしょう）したときに雲ができるのはなぜですか。　①　にあてはまるものを、あとのア〜エから1つ選びましょう。また、　②　に入る文を、水蒸気という語句を用いて簡単に書きましょう。

各8点 [岩手県]

空気が上昇して、　①　と、　②　ことで雲ができる。
ア 空気の温度が露点（ろてん）よりも上がる
イ 空気の温度が露点よりも下がる
ウ 露点が空気の温度よりも上がる
エ 露点が空気の温度よりも下がる
①〔　　　　〕　②〔　　　　　　　　　　　　　　　　　　　　　　　　〕

55 太陽や星の1日の動き

日周運動 **#中3**

　太陽は、時間とともに東の空から南の空を通って西の空へと動きます。これは地球の**自転**による見かけの動きで、太陽の**日周運動**といいます。

　天体の位置や動きを示すために、空を球状に表したものを**天球**といいます。透明半球を使うと、天球上の太陽の動きを調べることができます。

【太陽の1日の動き】

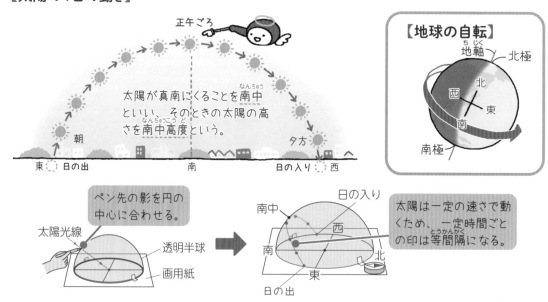

正午ごろ

太陽が真南にくることを南中といい、そのときの太陽の高さを南中高度という。

朝　　　南　　　夕方

東　日の出　　南　　　日の入り　西

【地球の自転】

地軸　北極

北

西　東

南

南極

ペン先の影を円の中心に合わせる。

太陽光線／透明半球／画用紙

太陽は一定の速さで動くため、一定時間ごとの印は等間隔になる。

日の入り／南中／西／南／東／北／日の出

　東の地平線からのぼった星は、南の空の高いところを通って、西の地平線に沈みます。これも地球の自転による見かけの動きで、星の**日周運動**といいます。

　星は1日に約360°、1時間に約15°回転して見えます。

【星の1日の動き】

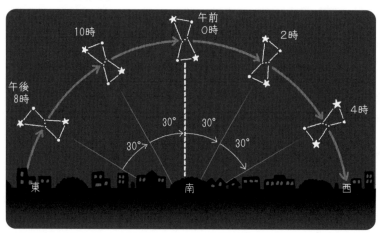

午前0時

10時　　　　　2時

午後8時

30°　30°　30°　30°

東　　　南　　　西

4時

北の空の星は、北極星を中心に反時計回りに回転して見える。

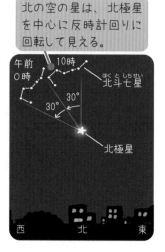

午前0時　10時

北斗七星

30°　30°

北極星

西　北　東

基本練習

→ 答えは別冊15ページ

1 [　　　　] にあてはまる語句を書きましょう。

太陽や星の日周運動は、地球の [　　　　　　　　] による見かけの

動きである。星は、1時間に約 [　　　　　　　　] °回転して見える。

2 透明半球と同じ大きさの円をかき、その円の
中心で直交する2本の線を引き、方位磁針で
東西南北を合わせ、水平な場所に置きました。
右の図は、ある日の太陽の位置を一定時間ご

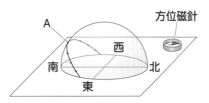

とに透明半球上にサインペンを用いて・印で記録し、これらの点を滑らかな線
で結び、さらに線の両端を延長して太陽の動いた道すじをかいたものです。ま
た、図中の点Aは、太陽が最も高い位置にきたときの記録です。これについて、
次の問いに答えましょう。　　　　　　　　　　　　　　　　　　　　[高知県]

(1) 透明半球上に太陽の位置を記録するとき、サインペンの先端の影を白い紙
の上のどこに重ねるべきですか。

〔　　　　　　　　　　　　　〕

(2) 点Aのときの太陽の高度のことを何といいますか。〔　　　　　　　　〕

3 右の図のように、ある日の午後9時に、カシオペ
ヤ座がXの位置に見えました。この日に、カシオ
ペヤ座がYの位置に見えるのは何時ですか。次の
ア～エから1つ選びましょう。　　　　　[岩手県]

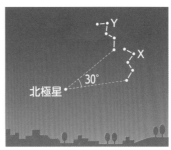

ア　午後7時　　　イ　午後8時
ウ　午後10時　　エ　午後11時

〔　　　　　　　　〕

ミス注意 **3** 北の空の星は、1日に約360°反時計回りに回転して見えるよ。

学習した日 [　／　] □もう一度 □バッチリ!

56 太陽や星の1年の動き

地球は1年で1回（360°）**公転**するので、1か月では約30°公転します。そのため、同じ時刻に星座を観察すると、1か月で約30°、1日に約1°ずつ東から西へ動いて見えます。この星の見かけの動きを星の**年周運動**といいます。

星座が同じ位置に見える時刻は、1か月に約2時間早くなるね。

同じ時刻に南の空に見える星座は、季節によって変わります。季節を代表する星座は、太陽と反対の方向にあります。

【地球の公転と星座の移り変わり】

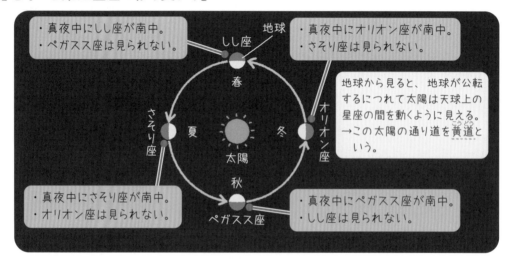

・真夜中にしし座が南中。
・ペガスス座は見られない。

・真夜中にオリオン座が南中。
・さそり座は見られない。

地球から見ると、地球が公転するにつれて太陽は天球上の星座の間を動くように見える。
→この太陽の通り道を黄道という。

・真夜中にさそり座が南中。
・オリオン座は見られない。

・真夜中にペガスス座が南中。
・しし座は見られない。

昼の長さや太陽の南中高度は、季節によって変化します。これは、地球が地軸を公転面に垂直な方向に対して約23.4°傾けたまま公転しているからです。

【地軸の傾きと季節の変化】

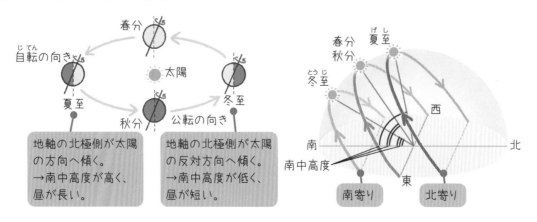

地軸の北極側が太陽の方向へ傾く。
→南中高度が高く、昼が長い。

地軸の北極側が太陽の反対方向へ傾く。
→南中高度が低く、昼が短い。

基本練習

→ 答えは別冊15ページ

1 □ にあてはまる語句を書きましょう。

(1) 同じ星座を同じ時刻に観察すると、1か月で約 [   ] °ずつ西へ動いて見える。

(2) 同じ位置に星座が見える時刻は、1か月に約 [   ] 時間早くなる。

2 右の図は、太陽と地球および黄道付近にある星座の位置関係を模式的に示したもので、A〜Dは、春分、夏至、秋分、冬至のいずれかの日の地球の位置を表しています。これについて、次の問いに答えましょう。　　　[富山県]

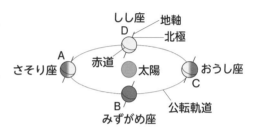

(1) 図において、夏至の日の地球の位置を表しているのはA〜Dのどれですか。

[   ]

(2) 図において、地球がCの位置にある日の日没直後に東の空に見える星座はどれですか。次のア〜エから1つ選びましょう。
ア しし座　　　　イ さそり座　　ウ みずがめ座　　エ おうし座

[   ]

(3) ある日の午前0時に、しし座が真南の空に見えました。この日から30日後、同じ場所で、同じ時刻に観察するとき、しし座はどのように見えますか。次のア〜エから適切なものを1つ選びましょう。
ア 30日前よりも東寄りに見える。
イ 真南に見え、30日前よりも天頂寄りに見える。
ウ 30日前よりも西寄りに見える。
エ 真南に見え、30日前よりも地平線寄りに見える。

[   ]

入試対策 **2**(1) 太陽の南中高度は夏至のときが最も高いことや、北半球では地軸の北極側が太陽の方に傾いているときが夏、太陽と反対側に傾いているのが冬であることを覚えておこう。

57 月の見え方が変わるのはなぜ？

　月は地球の衛星（えいせい）で、地球のまわりを**公転**（こうてん）しています。太陽と月の位置関係が変化することで、月はかがやいている部分の見え方が変わります。また、同じ時刻に見える月の位置は、西から東へ移動していきます。

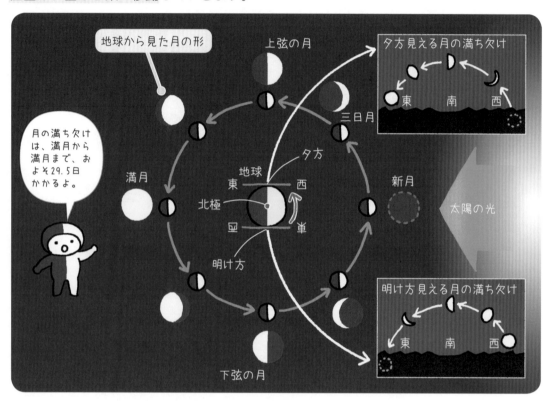

　太陽―月―地球の順に一直線に並び、太陽が月にかくされる現象を**日食**（にっしょく）といいます。また、太陽―地球―月の順に一直線に並び、月が地球の影（かげ）に入ってかくされる現象を**月食**（げっしょく）といいます。

【日食のしくみ】

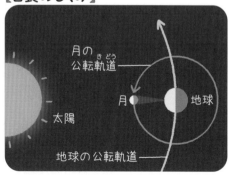

【月食のしくみ】

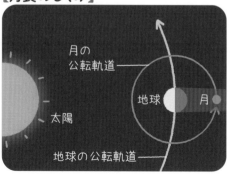

基 本 練 習

→ 答えは別冊16ページ

1 (1)は正しいものを〇で囲み、(2)・(3)はあてはまる語句を書きましょう。

(1) 月は地球のまわりを、北極側から見て （ 時計・反時計 ） 回りに公転する。

(2) 月によって太陽がかくされる現象を 　　　　　　　　　　 という。

(3) 月が地球の影に入る現象を 　　　　　　　　　　 という。

2 コンピュータのアプリを用いて、次の①、②を順に行い、天体の見え方を調べました。あとの問いに答えましょう。なお、このアプリは、日時を設定すると、日本のある特定の地点から観測できる天体の位置や見え方を確認することができます。

[栃木県]

[**調査**] ① 日時を「2023年3月29日22時」に設定すると、西の方角に**図1**のような上弦の月が確認できた。

② ①の設定から日時を少しずつ進めていくと、ある日時の西の方角に満月を確認することができた。

図1

(1) 月のように、惑星のまわりを公転している天体を何といいますか。

〔　　　　　　　　　　〕

(2) **図2**は、北極側から見た地球と月の、太陽の光の当たり方を模式的に示したものです。調査の②において、日時を進めて最初に満月になる日は、次の**ア**～**エ**のどれですか。また、この満月が西の方角に確認できる時間帯は「夕方」、「真夜中」、「明け方」のどれですか。

図2

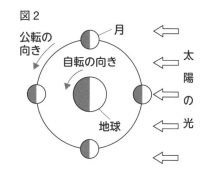

公転の向き　月　自転の向き　地球　太陽の光

ア 4月6日　　**イ** 4月13日　　**ウ** 4月20日　　**エ** 4月27日

記号〔　　　　　〕　　時間帯〔　　　　　　　〕

😊 **入試対策** **2**(2) 月の満ち欠けと太陽・月・地球の位置関係はよく出題されるので、しっかり覚えておこう。

学習した日 ／ 　□😐 もう一度 　□😊 バッチリ!

58 金星の見え方はどう変化する?

　金星も月と同じように満ち欠けをします。金星は地球よりも内側を公転しています。地球から見て太陽と反対側にくることはないため、真夜中に見えることはありません。

【金星の位置と満ち欠けのようす】

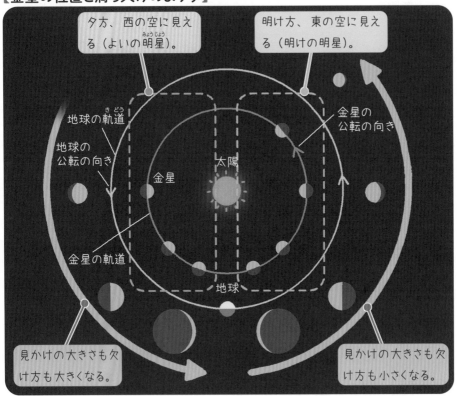

夕方、西の空に見える(よいの明星)。

明け方、東の空に見える(明けの明星)。

地球の軌道

地球の公転の向き

金星

太陽

金星の公転の向き

金星の軌道

地球

見かけの大きさも欠け方も大きくなる。

見かけの大きさも欠け方も小さくなる。

　太陽のまわりを公転する**惑星**には、太陽から近い順に**水星**、**金星**、**地球**、**火星**、**木星**、**土星**、**天王星**、**海王星**の8個があり、**地球型惑星**と**木星型惑星**に分けられます。

地球型惑星…主に岩石からなる。小型で密度が大きい。		**木星型惑星**…主に気体からなる。大型で密度が小さい。	
水星	・太陽の最も近くを公転する。 ・最も小さい。 ・昼と夜の温度差が非常に大きい。	木星	・最も大きい。　・細い環をもつ。 ・高速で自転し、表面には大赤斑とよばれる渦がある。
金星	・二酸化炭素からなる厚い大気がある。 ・表面温度が高温(460℃)になる。	土星	・2番目に大きい。・密度が最も小さい。 ・巨大な環をもつ。
地球	・表面に大量の液体の水があり、生命が存在する。	天王星	・自転軸が大きく傾き、ほぼ横倒しになっている。
火星	・酸化鉄をふくむ赤褐色の岩石や砂でおおわれ、赤色に見える。 ・二酸化炭素からなるうすい大気がある。	海王星	・大気にメタンを多くふくむため、青く見える。

基本練習

→ 答えは別冊16ページ

1 □□□ にあてはまる語句を書きましょう。

太陽のまわりは8個の □□□□□□□ があり、同じ向きに公転している。

2 三重県のある場所で、3月1日のある時刻に、天体望遠鏡で金星の観測を行ったところ、ある方位の空に金星が見えました。右の図は、このときの、太陽、金星、地球の位置関係を模式的に示したものです。これについて、次の問いに答えましょう。 [三重県]

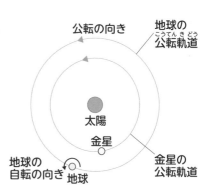

(1) 3月1日に観測した金星は、いつごろどの方位の空に見えましたか、次のア〜エから適切なものを1つ選びましょう。

ア 明け方、東の空　　イ 明け方、西の空
ウ 夕方、東の空　　エ 夕方、西の空

〔　　　　　〕

(2) 地球から金星は真夜中には見えません。地球から金星が真夜中には見えないのはなぜですか、その理由を「金星は」に続けて、「公転」という語句を使って、簡潔に書きましょう。

〔　　　　　　　　　　　　　　　　　　　　　　　〕

3 地球型惑星の特徴として適切なものを、次のア〜エから1つ選びましょう。

[岐阜県]

ア おもに気体からできており、木星型惑星より大型で密度が小さい。
イ おもに気体からできており、木星型惑星より小型で密度が小さい。
ウ おもに岩石からできており、木星型惑星より大型で密度が大きい。
エ おもに岩石からできており、木星型惑星より小型で密度が大きい。

〔　　　　　〕

😊 入試対策 **3** 地球型惑星と木星型惑星の大きさや、密度の特徴、属している衛星などについて整理しておこう。

59 宇宙の広がりを知ろう!

太陽、太陽系、銀河系 #中3

太陽は、自ら光を出す**恒星(こうせい)**です。太陽はガスでできています。太陽の表面には**黒点(こくてん)**や**プロミネンス**が見られ、まわりを**コロナ**とよばれる高温のガスの層がとり囲んでいます。

黒点の位置が一方向へ移動していることから、太陽が**自転(じてん)**していることがわかります。

【太陽のようす】

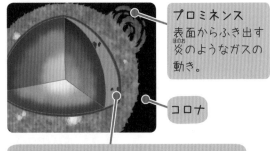

プロミネンス
表面からふき出す炎(ほのお)のようなガスの動き。

コロナ

黒点
まわり(約6000℃)より温度が低い(約4000℃)ので、黒く見える。

【黒点の観察】(肉眼で見たときと同じ向きにしてあります。)

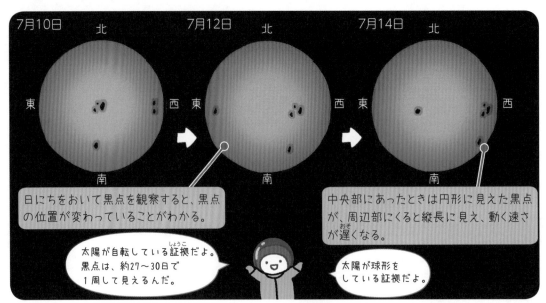

7月10日　北　東　西　南

7月12日　北　東　西　南

7月14日　北　東　西　南

日にちをおいて黒点を観察すると、黒点の位置が変わっていることがわかる。

中央部にあったときは円形に見えた黒点が、周辺部にくると縦長に見え、動く速さが遅(おそ)くなる。

太陽が自転している証拠(しょうこ)だよ。黒点は、約27～30日で1周して見えるんだ。

太陽が球形をしている証拠だよ。

太陽と太陽のまわりを公転している天体の集まりを**太陽系(たいようけい)**といいます。太陽系には、8個の惑星のほかに、**小惑星(しょうわくせい)**や**すい星**、**太陽系外縁天体(たいようけいがいえんてんたい)**、**衛星(えいせい)**などがあります。

太陽系は、約2000億個の恒星からなる**銀河系(ぎんがけい)**に属しています。

【銀河系(真横から見た図)】

約1.5万光年　約3万光年

銀河系の中心　太陽系の位置

銀河系を上から見ると、うずまき状の形をしているよ。

基本練習

→ 答えは別冊16ページ

1 ☐ にあてはまる語句を書きましょう。

(1) 太陽の表面には ☐ とよばれる黒く見える部分がある。

(2) 太陽のように、自ら光を放つ天体を ☐ という。

(3) 太陽とそのまわりを公転している天体の集まりを ☐ という。

2 右の図は、天体望遠鏡に遮光板と太陽投影板を固定して、10月23日と27日の午後1時に、太陽の表面にある黒点のようすを観察したものです。これについて、次の問いに答えましょう。 [高知県]

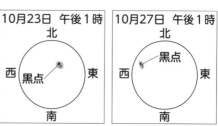

(1) 図のように、黒点の位置が西の方へ移動していた理由として適切なものを、次のア～エから1つ選びましょう。

　ア　地球が自転しているから。　　イ　地球が公転しているから。
　ウ　太陽が自転しているから。　　エ　太陽が公転しているから。

〔　　　〕

(2) 黒点が黒く見えるのはなぜですか、その理由を簡潔に書きましょう。

〔　　　〕

3 宇宙には、太陽のような天体が数億個から数千億個集まってできた集団が多数存在します。それらの集団のうち、太陽が所属している、渦を巻いた円盤状の形をした集団を何といいますか。[長崎県]

〔　　　〕

😊 入試対策　**2**(1) 黒点の形の変化によって太陽が球形をしていることや、黒点の移動によって太陽が自転していることがわかることを覚えておこう。

学習した日　／　☐ 😊 もう一度　☐ 😊 バッチリ！

実戦テスト…8

4章 地学分野

1 天体の動きについて調べるために、観測を行いました。
あとの問いに答えましょう。　　　　各8点 [富山県]

[観測]　日本のある場所で12月1日と3か月後の3月1日に、カシオペヤ座の動きを観測した。右の図の**ア**〜**シ**の印は、北極星を中心とし、カシオペヤ座の真ん中にあるガンマ星が通る円の周を12等分する位置を示している。
12月1日19時のガンマ星は**ア**の位置に見えた。

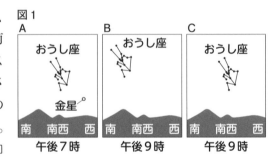

(1)　カシオペヤ座をつくる星のように、自ら光を出している天体を何といいますか。

〔　　　　　　　　　　　　〕

(2)　次の文は、3月1日の観測結果をまとめたものです。文中の空欄　①　、　②　にあてはまる適切な位置はどれですか。上の図の**ア**〜**シ**から1つずつ選びましょう。

　3月1日19時の観測では、ガンマ星は、図の　①　の位置に見えた。さらに、この日の23時の観測では、図の　②　の位置に見えた。

①〔　　　　〕　　②〔　　　　〕

2 図1の**A**〜**C**は、静岡県内のある場所で、ある年の1月2日から1か月ごとに、南西の空を観察し、おうし座のようすをスケッチしたもので、観察した時刻が示されています。また、**A**には、おうし座の近くで見えた金星もスケッチしました。次の問いに答えましょう。　　各10点 [静岡県]

(1)　右の図の**A**〜**C**のスケッチを、観察した日の早い順に並べ、記号で答えましょう。

〔　　　　　　　　　　　　〕

(2)　図2は、図1の**A**を観察した日の、地球と金星の、軌道上のそれぞれの位置を表した模式図であり、このときの金星を天体望遠鏡で観察したところ、半月のような形に見えました。この日の金星と比べて、この日から2か月後の午後7時に天体望遠鏡で観察した金星の、形と大きさはどのように見えますか。次の**ア**〜**エ**から適切なものを1つ選びましょう。ただし、地球の公転周期を1年、金星の公転周期を0.62年とし、金星は同じ倍率の天体望遠鏡で観察したものとします。

ア　細長い形で、小さく見える。　　**イ**　丸い形で、小さく見える。
ウ　細長い形で、大きく見える。　　**エ**　丸い形で、大きく見える。　　〔　　　　〕

3

令子さんは、太陽の動きに興味をもち、季節ごとの太陽の1日の動きについて調べました。これについて、あとの問いに答えましょう。

各8点 [熊本県]

(1) 次の文の ｛　　｝ の中から適切なものを1つ選びましょう。

太陽は、高温の ｛**ア** 気体　**イ** 液体　**ウ** 固体｝ のかたまりであり、自ら光や熱を宇宙空間に放つ天体である。

〔　　　　　〕

(2) 右の図は天球を表していて、**ア**〜**ウ**は春分、夏至、秋分、冬至のいずれかの太陽の日周運動のようすを示しています。冬至の太陽の日周運動のようすを示しているものを**ア**〜**ウ**から1つ選びましょう。

〔　　　　　〕

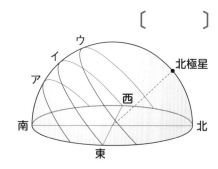

4

県内のある場所で月を観察しました。次の問いに答えましょう。

各10点 [岐阜県]

[**観察1**] ある日の日の出前に、月と金星を東の空に観察することができた。**図1**は、そのスケッチである。

[**観察2**] 別の日の日の入り後に、月を観察したところ、月食が見られた。

(1) 地球のまわりを公転する月のように、惑星のまわりを公転する天体を何といいますか。

〔　　　　　〕

図1

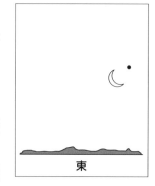

(2) **図2**は、地球の北極側から見た、地球と月の位置関係と太陽の光を示した模式図です。

① 月が公転する向きは**図2**の**A**、**B**のどちらですか。記号で書きましょう。

〔　　　　　〕

② **観察1**で見た月の、地球との位置関係として適切なものを、**図2**の**ア**〜**ク**から1つ選びましょう。

〔　　　　　〕

③ **観察2**で見た月の、地球との位置関係として適切なものを、**図2**の**ア**〜**ク**から1つ選びましょう。

〔　　　　　〕

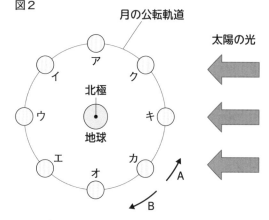

合格につながるコラム⑤

インターネットを活用しよう！

 ## 学習サービスは日々進歩している

新しい学習サービスを上手に活用しよう

近年、新しい学習サービスがたくさん誕生しています。

たとえば、スタディサプリやYouTubeなどでは、授業動画を見ることができます。学校の授業だけでは理解しきれなかった項目を理解する助けとして使うといいでしょう。

オンラインの学習サービスの質も上がっています。多くの生徒を合格させている、実力のある先生から勉強を教わったり、国外に住んでいる人から英会話を教わったりすることもできます。

もちろん、保護者の人と相談することが必要ですが、これらのオンライン学習も、学力を伸ばす手段のの一つとして、検討してみてもいいかもしれません。

自分の欲しい情報だけではダメ

テレビや新聞で得るニュースも大切

スマホを持つと、自分好みの動画やサイトばかり見てしまって、世間で話題になっているニュースにうとくなる人も多いです。

高校入試では、国内外の政治や環境問題、科学ニュースについて、自分の意見を書いたり、面接で答えたりする場面もあります。

そのときに、世の中の状況を知らず、自分の好きなことしか知らないと、意見にかたよりが出てしまいます。

そうならないために、テレビや新聞で積極的に世間のニュースを知るようにしましょう。ニュースを見て「もっと知りたい！」と感じたことは、インターネットで調べることで、より理解を深められます。

ただし、インターネットやSNSには、間違った情報が流れていることもあります。信頼できる情報源や複数の情報源にあたり、自分の調べた情報が、本当に正しいのかを見極めるスキルも身につけましょう。

便利なインターネットを、暇つぶしだけでなく入試対策にも活用しよう！

模擬試験

実際の試験を受けているつもりで取り組みましょう。
制限時間は各回45分です。

制限時間がきたらすぐにやめ、
筆記用具を置きましょう。

→ 解答・解説は別冊21ページ

1 電熱線に電流を流したときの水の温度変化を調べるために、次のような実験を行いました。
これについて、あとの問いに答えなさい。 [各5点 合計30点]

実験 ① くみおきの水100gを発泡ポリスチレンのカップに入れる。
② 図1のような装置を組み立て、電源の電圧を9.0Vにして、ガラス棒でかき混ぜ
ながら、1分ごとに水の温度を記録する。

結果 電流を流した時間と水の温度の関係をまとめると、図2のようになった。

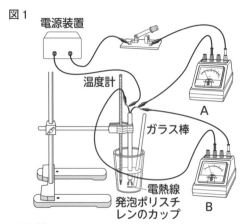

図1

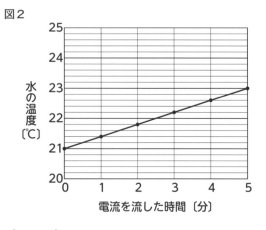

図2

(1) 電流計は図1のA、Bのどちらですか。 〔　　　　〕

(2) 電流計の針は、図3のように振れました。実験で用
いた電熱線の抵抗は何Ωですか。 〔　　　　〕

(3) 電流を流した時間と水の上昇温度の関係を表すグラ
フを図4にかきなさい。

(4) 5分間電流を流したとき、電熱線から発生した熱量
は何Jですか。 〔　　　　〕

(5) 5分間に電熱線から発生した熱量のうち、何%が水
の温度を上げるのに使われましたか。小数第1位を
四捨五入して整数で答えなさい。ただし、1gの水の
温度を1℃上げるのに必要な熱量を4.2Jとします。
〔　　　　〕

(6) 電力に関する説明として適切なものを、次のア～エ
からすべて選び、記号で答えなさい。

ア 1Wの電力で、電流を1秒間流したときの発熱量は1Jである。

イ 1Wの電力で、電流を1分間流したときの発熱量は1Jである。

ウ 1Wは、1Vの電圧を加え1Aの電流を流したときに使われる電力である。

エ 1Wは、10Vの電圧を加え1Aの電流を流したときに使われる電力である。

〔　　　　〕

図3

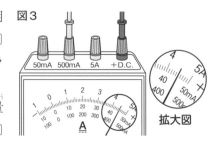

拡大図

図4

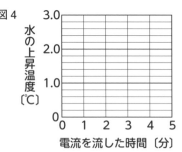

152

2 中和について調べるため、次のような実験を行いました。これについて、次の問いに答えなさい。 [各4点 合計20点]

実験 ① 質量パーセント濃度が5.0%の水酸化バリウム水溶液 4.0 mL を試験管に入れ、緑色のBTB溶液を数滴加えた。

② 右の図のように、うすい硫酸を 1.0 mL ずつ加え、水溶液の色を観察し、その結果を表にまとめた。

うすい硫酸

BTB溶液を加えた5.0%の
水酸化バリウム水溶液

結果

5.0%の水酸化バリウム水溶液の体積〔mL〕	4.0	4.0	4.0	4.0	4.0	4.0
うすい硫酸の体積〔mL〕	0	1.0	2.0	3.0	4.0	5.0
BTB溶液を加えた水溶液の色	青色	青色	青色	緑色	黄色	黄色

(1) 水酸化バリウム水溶液の性質として適切なものを、次の**ア～オ**からすべて選び、記号で答えなさい。

ア 無色のフェノールフタレイン溶液を赤色にする。

イ 電気を通さない。

ウ 青色リトマス紙を赤色に変える。

エ マグネシウムと反応して水素が発生する。

オ pH は 7 よりも大きい。 〔   〕

(2) 質量パーセント濃度が5.0%の水酸化バリウム水溶液が 40 g あるとき、この水溶液の溶質の質量は何 g ですか。 〔   〕

(3) 次の式は、水酸化バリウムの電離を表したものです。①、②にあてはまる化学式をそれぞれ書きなさい。

$Ba(OH)_2 \rightarrow$ 　①　 $+ 2$ 　②　

①〔   〕　②〔   〕

(4) 5.0%の水酸化バリウム水溶液 4.0 mL にうすい硫酸を 1.0 mL ずつ加えていったとき、溶液にふくまれるイオンの総数はどのように変化しますか。次の**ア～カ**から 1 つ選び、記号で答えなさい。

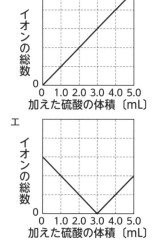

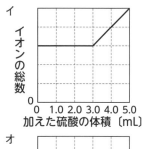

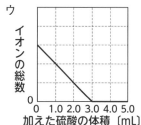

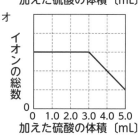

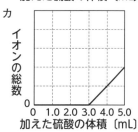

〔   〕

3 植物の光合成と呼吸について調べるため、次の観察と実験を行いました。これについて、あとの問いに答えなさい。

[各5点 合計20点]

観察 十分に日光を当てたオオカナダモの葉をエタノールで処理した。葉を水ですすいだあと、スライドガラスにのせ、<u>薬品</u>を数滴落として細胞のようすを顕微鏡で観察した。

結果 葉の細胞内に青紫色に染まった粒が複数見られた。

実験 ① 青色のBTB溶液に息をふきこんで緑色にしたものを3本の試験管A、B、Cに入れた。

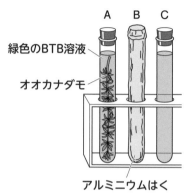

緑色のBTB溶液
オオカナダモ
アルミニウムはく

② 右の図のように、試験管A、Bには同じ大きさのオオカナダモを入れ、すべての試験管にゴム栓をし、試験管Bは光が当たらないようにアルミニウムはくでおおった。

③ 3本の試験管を日光のよく当たるところに4時間置き、BTB溶液の色の変化を調べた。

結果

試験管	A	B	C
光を当てたあとのBTB溶液の色	青色	黄色	緑色

(1) 顕微鏡の使い方として適切なものを次の**ア〜エ**から1つ選び、記号で答えなさい。

　ア 対物レンズ、接眼レンズの順にとりつける。

　イ はじめは低倍率の対物レンズを使う。

　ウ 顕微鏡の倍率は、接眼レンズの倍率と対物レンズの倍率の和である。

　エ 接眼レンズをのぞきながら、対物レンズとプレパラートを近づけてピントを合わせる。

〔　　　〕

(2) 下線部の薬品として適切なものを、次の**ア〜エ**から1つ選び、記号で答えなさい。

　ア ヨウ素液

　イ ベネジクト液

　ウ 酢酸オルセイン液

　エ フェノールフタレイン溶液

〔　　　〕

(3) 次の文は、試験管AのBTB溶液が青色に変わった理由について説明したものである。

　　① 〜 ③ にあてはまる語句の組み合わせとして適切なものを、あとの**ア〜エ**から1つ選び、記号で答えなさい。

　　BTB溶液を青色に変えた原因は ① である。試験管Aでは、 ② によって出された ① よりも ③ によってとりこまれた ① のほうが多かったため、BTB溶液が青色に変わった。

　ア ① 酸素　　　　② 呼吸　　　③ 光合成

　イ ① 酸素　　　　② 光合成　　③ 呼吸

　ウ ① 二酸化炭素　② 呼吸　　　③ 光合成

　エ ① 二酸化炭素　② 光合成　　③ 呼吸

〔　　　〕

(4) 試験管AとBを比べることでわかる、光合成に必要な条件は何ですか。簡潔に答えなさい。

〔　　　　　　　　　　　　　〕

4 次の表は、ある地表近くの地点で発生した地震について、地点**A**〜**C**の震源からの距離、P波が到着した時刻、S波が到着した時刻をまとめたものです。これについて、あとの問いに答えなさい。ただし、P波、S波が伝わる速さはそれぞれ一定であるものとします。

1章
2章
3章
4章
模擬試験①

[各5点 合計30点]

観測地点	震源からの距離	P波が到着した時刻	S波が到着した時刻
A	32 km	10時10分04秒	10時10分08秒
B	160 km	10時10分20秒	10時10分40秒
C	240 km	10時10分30秒	10時11分00秒

(1) 地震について説明した次の文の ① 〜 ③ にあてはまる語句の組み合わせとして適切なものを、あとの**ア**〜**エ**から1つ選び、記号で答えなさい。

　　P波によるゆれを ① 、S波によるゆれを ② という。また、地震そのものの規模を表す値を ③ という。

ア ① 主要動　　② 初期微動　　③ 震度
イ ① 主要動　　② 初期微動　　③ マグニチュード
ウ ① 初期微動　② 主要動　　　③ 震度
エ ① 初期微動　② 主要動　　　③ マグニチュード

〔　　　　〕

(2) この地震で、P波の速さは何km/sですか。次の**ア**〜**エ**から適切なものを1つ選び、記号で答えなさい。

ア 4.0 km/s　　　**イ** 8.0 km/s　　　**ウ** 12.0 km/s　　　**エ** 24.0 km/s

〔　　　　〕

(3) この地震が発生した時刻は、10時何分何秒と考えられますか。

〔　　　　〕

(4) 地震のとき、海底の地形が急激に変化することによって発生する波を何といいますか。

〔　　　　〕

(5) この地震において、**A**地点にP波が到着してから6秒後に、各地に緊急地震速報が出されました。**C**地点では、緊急地震速報が伝わってから何秒後にS波が到着しますか。ただし、緊急地震速報は出されたと同時に各地点に伝わったものとします。〔　　　　〕

(6) 日本付近での大陸プレートまたは海洋プレートが動く向きを表したものとして適切なものを、次の**ア**〜**エ**から1つ選び、記号で答えなさい。　　〔　　　　〕

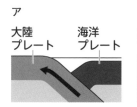
ア
大陸プレート　　海洋プレート

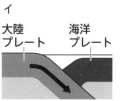
イ
大陸プレート　　海洋プレート

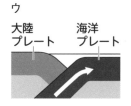
ウ
大陸プレート　　海洋プレート

エ
大陸プレート　　海洋プレート

1 水中にある物体にはたらく力について調べるため、次の実験を行いました。これについて、あとの問いに答えなさい。ただし、100 g の物体にはたらく重力の大きさを 1 N とし、動滑車やひも、糸の質量および糸の体積は無視できるものとします。

[各5点 合計25点]

図1

フック
6 cm
おもり

実験 ① 図1のような高さ6 cm、底面積 10 cm² のフックがついたおもりの質量を調べると 474 g であった。

② 図2のように、天井に固定したひもを動滑車と定滑車に通し、ばねばかりにつないだ。

③ 糸でつるしたおもりを水中に沈め、動滑車とつないで 0.2 m の高さまで引き上げた。このとき、ばねばかりは 2.07 N を示していた。

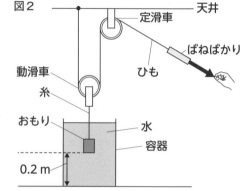

図2 天井
定滑車
ばねばかり
動滑車 ひも
糸
おもり 水
容器
0.2 m

(1) 次の文は、ばねばかりのしくみを説明したものです。 ① 、 ② にあてはまる語句の組み合わせとして適切なものを、次のア〜エから1つ選び、記号で答えなさい。

ばねののびはばねを引く力の大きさに ① することを ② の法則という。ばねばかりはこれを利用したものである。

ア ① 比例 ② フック

イ ① 比例 ② オーム

ウ ① 反比例 ② フック

エ ① 反比例 ② オーム

〔   〕

(2) 図1のおもりを床に置いたとき、床に加わる圧力は何 Pa ですか。

〔   〕

(3) 図1のおもりは右の表のどの金属でできていますか。

〔   〕

(4) 図2のときにおもりにはたらく浮力は何 N ですか。

〔   〕

(5) 図2のようにおもりを 0.2 m の高さまで引き上げたときに、手がした仕事の大きさは何 J ですか。

〔   〕

金属	密度〔g/cm³〕
鉄	7.9
銅	9.0
亜鉛	7.1
アルミニウム	2.7

2 酸素がかかわる化学変化について調べるため、次の実験を行いました。これについて、あとの問いに答えなさい。

[各5点 合計25点]

実験 ① 図1のように、銅の粉末とマグネシウムの粉末をはかりとり、それぞれステンレス皿にうすく広げ、ガスバーナーで加熱した。

② 3分間加熱したあと、よく冷やしてから生じた物質の質量をはかった。

③ 生じた物質をかき混ぜて、再び3分間加熱し、よく冷やしてから質量をはかった。

④ 質量が変化しなくなるまで③をくり返した。

結果 金属の質量と酸化物の質量の関係は、図2のグラフのようになった。

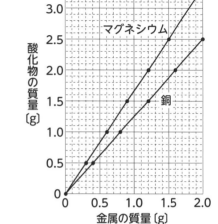

図1

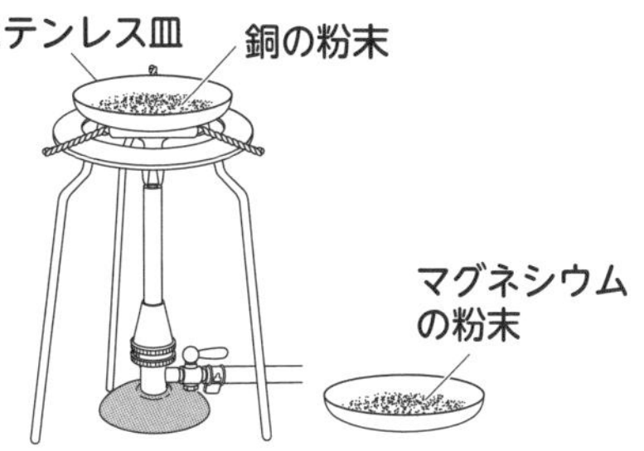

図2

(1) 図3で、ガスバーナーの炎が赤色のとき、青色にするための操作として適切なものを、次のア～エから1つ選び、記号で答えなさい。

ア Aのねじを押さえてBのねじをaの向きに回す。
イ Aのねじを押さえてBのねじをbの向きに回す。
ウ Bのねじを押さえてAのねじをaの向きに回す。
エ Bのねじを押さえてAのねじをbの向きに回す。

〔　　　〕

(2) 加熱後、銅とマグネシウムはそれぞれ何色になりますか。次のア～エから適切な組み合わせを1つ選び、記号で答えなさい。

図3

ア 銅：黒色　　　マグネシウム：白色
イ 銅：黒色　　　マグネシウム：黒色
ウ 銅：白色　　　マグネシウム：白色
エ 銅：白色　　　マグネシウム：黒色

〔　　　〕

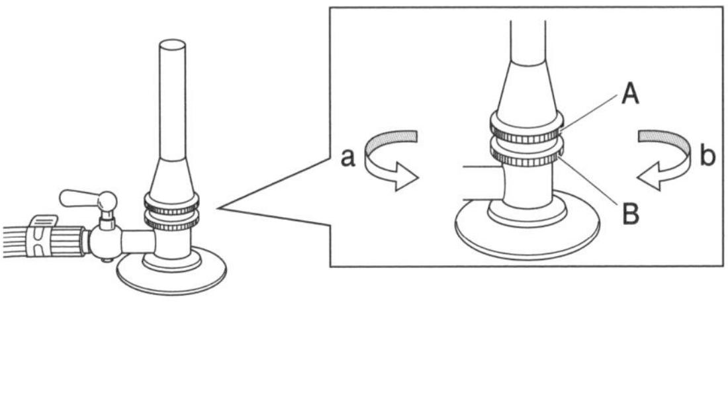

(3) マグネシウムを加熱したときの化学変化を化学反応式で書きなさい。

〔　　　　　　　　　　　　　　　　　　　〕

(4) 実験と同じ操作で、5.0gの酸化銅が得られたとき、銅と結びついた酸素の質量は何gですか。　　　　　　　　　　　　　　　　　　　　　　　　　　　　〔　　　〕

(5) 同じ質量の酸素と結びつく、銅の粉末の質量とマグネシウムの粉末の質量の比（銅：マグネシウム）として適切なものを、次のア～カから1つ選び、記号で答えなさい。

ア 3：4　　　イ 3：8　　　ウ 4：3
エ 4：5　　　オ 5：3　　　カ 8：3

〔　　　〕

3 エンドウの花のつくりを観察し、遺伝の規則性を調べる実験を行　図1
いました。これについて、次の問いに答えなさい。

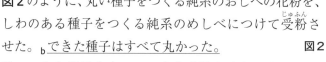

[(1)〜(5)各4点　(6)5点　合計25点]

観察　エンドウの花をカッターナイフで切り、中のようすを_aルーペで観察した。**図1**は、そのときのスケッチである。

実験　① **図2**のように、丸い種子をつくる純系のおしべの花粉を、しわのある種子をつくる純系のめしべにつけて受粉させた。_bできた種子はすべて丸かった。

　　　② ①でできた種子を育てて、自家受粉させた。その結果、生じた種子は、丸い種子としわのある種子の数の比が3：1であった。

(1) 下線部**a**のルーペの使い方で適切なものを、次の**ア〜エ**から1つ選び、記号で答えなさい。

　　ア ルーペは目に近づけて持ち、顔を前後に動かして、よく見える位置で観察する。

　　イ ルーペは目に近づけて持ち、観察するものを前後に動かして、よく見える位置で観察する。

　　ウ ルーペは観察するものに近づけて持ち、顔を前後に動かして、よく見える位置で観察する。

　　エ 観察するものを目から30cmぐらい離し、ルーペを前後に動かして、よく見える位置で観察する。

〔　　　　　〕

(2) **図1**の**X**の部分を何といいますか。　　　　　　　　　　　　〔　　　　　〕

(3) **図1**のめしべの先の部分は、花粉がつきやすくなっています。この部分を何といいますか。

〔　　　　　〕

(4) 下線部**b**のように、純系どうしをかけ合わせたとき、子の代に現れる形質を何といいますか。　　　　　　　　　　　　　　　　　　　　　　　　　　〔　　　　　〕

(5) **実験**①でできた子の代の種子の遺伝子の組み合わせとして適切なものを、次の**ア〜ウ**から1つ選び、記号で答えなさい。ただし、種子を丸くする遺伝子をA、しわにする遺伝子をaとします。

　　ア AA　　　　　　**イ** Aa　　　　　　**ウ** aa

〔　　　　　〕

(6) **実験**②でできた孫の代の種子が1000個できたとき、子の代の種子と同じ遺伝子の組み合わせをもつ種子は何個になると考えられますか。次の**ア〜エ**から1つ選び、記号で答えなさい。

　　ア 250個　　　　**イ** 500個　　　　**ウ** 750個　　　　**エ** 1000個

〔　　　　　〕

4 図1のように、ある日の日没直後に月と金星を観察することができました。これについて、次の問いに答えなさい。

図1

[(1)〜(4)、(6)各4点　(5)5点　合計25点]

1章
2章
3章
4章
模擬試験②

(1) 月と金星はどの方位の空で観察されましたか。次の**ア**〜**エ**から1つ選び、記号で答えなさい。

　　ア 東　　　**イ** 西　　　**ウ** 南　　　**エ** 北

〔　　　　〕

(2) **図2**は、北極側から見た地球と月の位置関係を模式的に表したものです。**図1**の月を観察した日の月の位置を、**図2**のA〜Hから1つ選び、記号で答えなさい。

〔　　　　〕

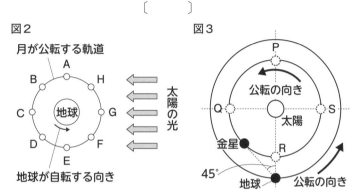

図2

月が公転する軌道

太陽の光

地球

地球が自転する向き

図3

P

公転の向き

Q　　太陽　　S

R

金星

45°

地球

公転の向き

(3) **図3**は、北極側から見た地球と金星、太陽の位置関係を表したものです。観察した日、地球と金星は●の位置にあり、地球と金星を結ぶ方向は金星の公転軌道の接線方向になりました。太陽、金星、地球はおおむね直角二等辺三角形をなす位置関係です。このとき、金星を双眼鏡で観察すると、どのように見えますか。次の**ア**〜**カ**から1つ選び、記号で答えなさい。

ア　　　イ　　　ウ　　　エ　　　オ　　　カ

〔　　　　〕

(4) 6か月後、金星は**図3**のどの位置にありますか。次の**ア**〜**エ**から1つ選び、記号で答えなさい。ただし、金星の公転の周期を0.62年とします。

　　ア PとQの間

　　イ QとRの間

　　ウ RとSの間

　　エ SとPの間

〔　　　　〕

(5) (4)のときの金星を双眼鏡で見たときの形として適切なものを、(3)の**ア**〜**カ**から1つ選び、記号で答えなさい。

〔　　　　〕

(6) 金星は地球型惑星に分類されます。地球型惑星の特徴を、次の**ア**〜**エ**から1つ選び、記号で答えなさい。

　　ア 大型で、平均密度が大きい。

　　イ 大型で、平均密度が小さい。

　　ウ 小型で、平均密度が大きい。

　　エ 小型で、平均密度が小さい。

〔　　　　〕

高校入試 理科をひとつひとつわかりやすく。

執筆
アトラス合同会社

カバーイラスト
坂木浩子

本文イラスト・図版
㈲青橙舎（高品吹夕子）
㈱アート工房

写真提供
写真そばに記載、記載のないものは編集部

ブックデザイン
山口秀昭（Studio Flavor）

DTP
㈱四国写研
ミニブック：㈱明昌堂

高校入試

理科をひとつひとつわかりやすく。

解答と解説

スマホでも解答・解説が見られる！

URL
https://gbc-library.gakken.jp/

書籍識別ID
sxweh

ダウンロード用パスワード
xvcd3yxh

「コンテンツ追加」から「書籍識別ID」と「ダウンロード用パスワード」をご入力ください。

※コンテンツの閲覧には Gakken ID への登録が必要です。書籍識別 ID とダウンロード用パスワードの無断転載・複製を禁じます。サイトアクセス・ダウンロード時の通信料はお客様のご負担になります。サービスは予告なく終了する場合があります。

軽くのりづけされているので、外して使いましょう。

Gakken

01 光はどんな性質をもつの？

本文 11 ページ

1 光の進み方について、正しいものを○で囲みましょう。

(1) 光が鏡に当たって反射するとき、入射角と反射角の間には、
（ 入射角＜反射角 ・**入射角＝反射角** ・ 入射角＞反射角 ）の関係がある。

(2) 光が空気中から水中へ進むとき、入射角 （ ＜ ・ ＝ ・ **＞** ）屈折
角となる。

(3) 光が水中から空気中へ進むとき、入射角 （**＜** ・ ＝ ・ ＞ ）屈折
角となる。

2 右の図は、物体の一部と優斗さんの目の位置との関係を、真横から見たものです。物体の一部である●で示した部分の光が水面で反射して、○で示した優斗さんの目の位置に届くまでの光の道すじを、右の図にかき入れましょう。 [宮崎県]

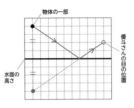

3 右の図のように、台形ガラスに光を当てた場合、光は境界面を通りぬけました。屈折して進む光の道すじを表したものとして、適切なものはどれですか。次のア〜エから1つ選びましょう。なお、矢印は、光の道すじを表したものです。 [富山県]

〔 **ア** 〕

ア　　　　イ　　　　ウ　　　　エ

> **解説** **2** ●と線対称の位置にある点をかき、その点と○を結ぶ線と、水面との交点で光が反射する。

02 凸レンズはどんな像をつくるの？

本文 13 ページ

1 (1)・(3)は正しいものを○で囲み、(2)・(4)はあてはまる語句を書きましょう。

(1) 物体が焦点の外側にあるとき、スクリーンに上下左右が
（ 同じ向き ・**逆向き** ）の像ができる。

(2) (1)の像を **実像** という。

(3) 物体が焦点の内側にあるとき、凸レンズを通して物体よりも
（**大きく** ・ 小さく ）、物体と（**同じ** ・ 逆 ）向きの像が見える。

(4) (3)の像を **虚像** という。

2 凸レンズについて、次の問いに答えましょう。 [岡山県]

(1) 図1のように、凸レンズの焦点距離の2倍の位置に、物体とスクリーンを置くと、スクリーン上には物体と同じ大きさの上下左右逆の実像ができます。物体を図1のAの位置に移動させたときの、実像ができる位置と実像の大きさについて適切なものはどれですか。次のア〜ウから1つ選びましょう。

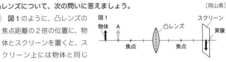

ア 実像ができる位置は凸レンズから遠くなり、実像の大きさは大きくなる。

イ 実像ができる位置も実像の大きさも変わらない。

ウ 実像ができる位置は凸レンズから近くなり、実像の大きさは小さくなる。

〔 **ア** 〕

(2) 図2のように、焦点の位置から矢印の2方向に進んだ光が凸レンズで屈折して進むときの光の道すじを図2にかきましょう。ただし、道すじは光が凸レンズの中心線で1回だけ屈折しているようにかくこととします。

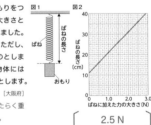

> **解説** **2** (2) 焦点を通る光は、凸レンズを通ったあと、光軸に平行に進む。

03 音の大きさや高さを変えるには？

本文 15 ページ

1 (1)・(3)はあてはまる語句を書き、(2)・(4)は正しいものを○で囲みましょう。

(1) 弦などの振動の振れ幅を **振幅** という。

(2) (1)が大きいほど、音は （**大きく** ・ 小さく ）なる。

(3) 弦が1秒間に振動する回数を **振動数** という。

(4) (3)が多いほど、音は （**高く** ・ 低く ）なる。

2 向かいの山に向かって「ヤッホー」とさけんでから3秒後に、向かいの山で反射してもどってきた「ヤッホー」という音が聞こえました。自分と向かいの山の音が反射したところまでのおよその距離として適切なものを、次のア〜エから1つ選びましょう。ただし、音の速さは340 m/sとし、ストップウォッチの操作の時間は考えないものとします。 [和歌山県]

ア 510 m　イ 1020 m　ウ 1530 m　エ 2040 m

音は往復しているので、$\dfrac{340\ \text{m/s} \times 3\ \text{s}}{2} = 510\ \text{m}$

〔 **ア** 〕

3 音さXと音さYの2つの音があります。音さXをたたいて出た音をオシロスコープで表した波形は、右の図のようになりました。図中のAは1回の振動にかかる時間、Bは振幅を表しています。音さYをたたいて出た音は、図で表された音よりも高くて大きくなりました。この音をオシロスコープで表した波形を右の図と比べたときの波形のちがいとして、適切なものはどれですか。次のア〜エから1つ選びましょう。 [東京都・2021]

ア Aは短く、Bは大きい。　イ Aは短く、Bは小さい。

ウ Aは長く、Bは大きい。　エ Aは長く、Bは小さい。

〔 **ア** 〕

> **解説** **3** 音が高い→振動数が多い。すなわちAが短い。
> 音が大きい→振幅（B）が大きい。

04 ばねののびを決めるものは何？

本文 17 ページ

1 (1)・(2)はあてはまる語句を書き、(3)は正しいものを○で囲みましょう。

(1) ばねののびは、ばねを引く力の大きさに **比例** する。

(2) (1)の関係を **フック** の法則という。

(3) 2つの力がつり合っているとき、2つの力は一直線上にあり、2つの力の大きさは （ 異なり ・**等しく** ）、向きは （ 同じ ・**反対** ）である。

2 図1のように、ばねにおもりをつるし、ばねに加えた力の大きさとばねの長さとの関係を調べました。次の問いに答えましょう。ただし、ばねの重さは考えないものとします。また、質量100 gの物体にはたらく重力の大きさは1 Nとします。 [大阪府]

(1) 質量250 gの物体にはたらく重力の大きさは何Nですか。

$1\ \text{N} \times \dfrac{250\ \text{g}}{100\ \text{g}} = 2.5\ \text{N}$

〔 **2.5 N** 〕

(2) ばねに力を加えていないときのばねの長さは、図2より読みとると何cmであると考えられますか。答えは整数で書きましょう。

〔 **11 cm** 〕

3 右の図のように、おもりが天井から糸でつり下げられています。このとき、おもりにはたらく重力とつり合いの関係にある力はどれですか。次のア〜エから1つ選びましょう。 [栃木県]

ア 糸がおもりにおよぼす力　イ おもりが糸におよぼす力

ウ 糸が天井におよぼす力　エ 天井が糸におよぼす力

〔 **ア** 〕

> **解説** **2** (2) ばねに加えた力の大きさが0 Nのときのばねの長さを読みとる。

05 「力の合成」「力の分解」って何？　本文19ページ

1 (1)・(2)は正しいものを〇で囲み、(3)はあてはまる語句を書きましょう。

(1) 一直線上で同じ向きにはたらく2力の合力の大きさは、
2力の（**和**・差）になる。

(2) 一直線上で逆向きにはたらく2力の合力の大きさは、
2力の（和・**差**）になる。

(3) 一直線上にない2力の合力は、2力を2辺とする平行四辺形の
対角線 で表す。

2 次の実験について、あとの問いに答えましょう。　[福島県・改]

[実験] 水平な台上に置いた方眼紙に点Oを記した。ばねばかりX～Zと金属の輪を糸でつなぎ、Zをくぎで固定し、図1のようにX、Yを引いた。このとき、金属の輪の中心の位置は点Oに合っていた。糸は水平で、たるまずに張られていた。図2は、金属の輪がX、Yにつけたそれぞれの糸から受ける力を表したものであり、矢印の長さは力の大きさと比例してかかれている。

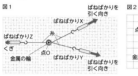 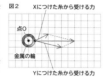

(1) 複数の力が1つの物体にはたらくとき、それらの力を合わせて同じはたらきをする1つの力とすることを何といいますか。
[**力の合成**]

(2) 図2の2つの力の合力を表す力の矢印をかきましょう。このとき、作図に用いた線は消さないでおきましょう。

解説 **2** (2) 2つの力の矢印と平行な線をそれぞれかいて平行四辺形をつくる。その対角線が合力になる。

06 浮力はどうやって生じるの？　本文21ページ

1 (1)・(3)は正しいものを〇で囲み、(2)はあてはまる語句を書きましょう。

(1) 水圧は水の深さが深いところほど（ 小さい・**大きい** ）。

(2) 水中にある物体にはたらく上向きの力を **浮力** という。

(3) (2)の大きさは、物体の下の面にはたらく力と上の面にはたらく力の大きさの（ 和・**差** ）になる。

2 水に浮かぶ物体にはたらく水圧の大きさを、矢印の長さで模式的に表すとどのようになりますか。次のア～エから適切なものを1つ選びましょう。ただし、矢印が長いほど水圧が大きいことを表すものとします。　[岩手県]

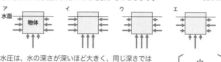

水圧は、水の深さが深いほど大きく、同じ深さでは等しくなる。
[**ウ**]

3 次の実験に関するあとの文の①、②の〔 〕から、適切なものを1つずつ選びましょう。　[愛媛県]

[実験] 物体Xと物体Yを水に入れたところ、右の図のように、物体Xは沈み、物体Yは浮いて静止した。
右の図で、物体Xにはたらく、浮力の大きさと重力の大きさを比べると、①〔ア 浮力が大きい　イ 重力が大きい　ウ 同じである〕。右の図で、物体Yにはたらく、浮力の大きさと重力の大きさを比べると、②〔ア 浮力が大きい　イ 重力が大きい　ウ 同じである〕。

①[**イ**] ②[**ウ**]

解説 **3** 物体が浮いているとき、物体にはたらく重力と浮力はつり合っている。

07 「等速直線運動」ってどんな運動？　本文23ページ

1 ◯◯◯にあてはまる語句を書きましょう。

(1) 物体が一直線上を一定の速さで進む運動を **等速直線運動** という。

(2) 物体に力がはたらいていないか、物体にはたらいている力がつり合っているとき、静止している物体は静止し続け、運動している物体は等速直線運動を続ける。これを **慣性** の法則という。

2 次の文章は、記録タイマーを使って記録した記録テープの区切りの間隔について説明したものです。 X 、 Y にあてはまる数値を答えましょう。　[島根県]

1秒間に60回の点を打つことができる記録タイマーの場合、1つの点が打たれてから次の点が打たれるまでの時間を分数の形で表すと X 秒である。よって、 Y 打点ごとに区切った間隔は、0.1秒ごとの台車の移動距離を表す。

X…1 s × $\frac{1回}{60回}$ = $\frac{1}{60}$ s

X [$\frac{1}{60}$] Y [6]

3 下の図は、1秒間に50打点する記録タイマーを用いて、物体の運動のようすを記録した記録テープです。記録テープのXの区間が24.5cmのとき、Xの区間における平均の速さとして適切なものを、あとのア～エから1つ選びましょう。　[埼玉県・2021]

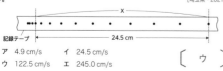

記録テープ ←——— 24.5 cm ———→

ア 4.9 cm/s　　イ 24.5 cm/s
ウ 122.5 cm/s　エ 245.0 cm/s
[**ウ**]

解説 **3** 10打点分の時間は、$\frac{1}{50}$ s × 10 = 0.2 s
平均の速さは、$\frac{24.5 \text{ cm}}{0.2 \text{ s}}$ = 122.5 cm/s

08 速さが変わるのはどんなとき？　本文25ページ

1 ◯◯◯にあてはまる語句を書きましょう。

(1) 静止した物体が垂直に落下する運動を **自由落下** という。

(2) 物体が別の物体に力を加えると、相手の物体から同じ大きさで逆向きの力を受ける。これを **作用・反作用** の法則という。

2 次の実験について、あとの問いに答えましょう。ただし、摩擦や空気抵抗はないものとします。　[愛媛県]

[実験] 図1のように、なめらかな斜面上のAの位置に小球を置いて静止させた。次に、斜面に沿って上向きに小球を手で押しはなした。図2は、そのときの小球が斜面上を運動するようすを表したもので、一定時間ごとに撮影した小球の位置をA～Fの順に示している。下の表は、図2の各区間の長さを測定した結果をまとめたものである。

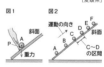

区間	B～C	C～D	D～E	E～F
区間の長さ(cm)	11.3	9.8	8.3	6.8

(1) 図1の矢印は、小球にはたらく重力を示したものです。Aの位置で、手が小球を静止させる、斜面に平行で上向きの力を、右の図中に、点Pを作用点として、矢印でかきましょう。

斜面はマス目の線と重なっており、点P、重力の作用点、重力の矢印の先端は、マス目の交点上にある。

(2) 次の文の①、②の〔 〕の中から、適切なものを1つずつ選びましょう。

表から、B～Fの区間で小球が運動している間に、小球にはたらく斜面に平行な力の向きは、①〔ア 斜面に平行で上向き　イ 斜面に平行で下向き〕で、その力の大きさは、②〔ア しだいに大きくなる　イ しだいに小さくなる　ウ 一定である〕ことがわかる。

①[**イ**] ②[**ウ**]

解説 **2** (2) 小球にはたらく斜面に平行な力は、重力の斜面に平行な分力だけで、大きさは変化しない。

09 理科でいう「仕事」って何?

本文27ページ

1 ☐ にあてはまる語句を書きましょう。

滑車などの道具を使っても使わなくても、仕事の大きさが変わらないことを
仕事の原理 という。

2 定滑車や動滑車を用いた実験について、あとの問いに答えましょう。ただし、100 gの物体にはたらく重力の大きさを1 Nとし、定滑車、動滑車、ひも、ばねばかりの質量や摩擦は考えないものとします。 [佐賀県]

[実験] ① 図1のような装置を用いて、質量600 gの物体を一定の速さ2 cm/sで、物体の底面の位置が水平面から20 cmの高さになるまで引き上げた。
② 図2のような装置を用いて、質量600 gの物体をある一定の速さで、物体の底面の位置が水平面から20 cmの高さになるまで引き上げた。

図1 定滑車 ひも ばねばかり 物体 20 cm 水平面
図2 定滑車 動滑車 物体 20 cm 水平面

(1) ①において、物体を20 cm引き上げるのに必要な仕事の大きさは何Jですか。20 cm=0.2 m　6 N×0.2 m=1.2 J
〔 **1.2 J** 〕

(2) ①のときの仕事率は何Wですか。
〔 **0.12 W** 〕

かかった時間は $\frac{20\ cm}{2\ cm/s}$ =10sより、仕事率は、$\frac{1.2\ J}{10\ s}$ =0.12 W

(3) ②において、①と比べたときのばねばかりの目盛りの値と引く距離について説明した文として適切なものを、次のア〜エから1つ選びましょう。
ア 目盛りの値は半分になり、引く距離は変わらない。
イ 目盛りの値は半分になり、引く距離は2倍になる。
ウ 目盛りの値は変わらず、引く距離は半分になる。
エ 目盛りの値は変わらず、引く距離は2倍になる。
〔 **イ** 〕

解説 **2**(3) 動滑車を使うと、加える力は半分になるが、ひもを引く距離は2倍になる。

---

10 エネルギーはなくならないの?

本文29ページ

1 (1)・(3)はあてはまる語句を書き、(2)・(4)は正しいものを○で囲みましょう。

(1) 高いところにある物体がもっているエネルギーを
位置 エネルギーという。

(2) 基準面からの高さが高いほど、位置エネルギーは ((大きい)・小さい)。

(3) 運動している物体がもっているエネルギーを
運動 エネルギーという。

(4) 物体の速さが大きいほど、運動エネルギーは ((大きい)・小さい)。

2 エネルギーに関する実験を行った。あとの問いに答えましょう。 [和歌山県]

[実験] ① レールを用意し、小球を転がすためのコースをつくった（図1）。
② BとCを高さの基準（基準面）として、高さ40 cmの点Aより数cm高いレール上に小球を置き、斜面を下る向きに小球を指で押し出した。小球はレールに沿って点A、点B、点Cの順に通過して最高点の点Dに達した。

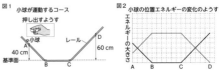
図1 小球が運動するコース 押し出すようす 小球 レール 40 cm 60 cm 基準面 A B C D
図2 小球の位置エネルギーの変化のようす エネルギーの大きさ A B C D

(1) 位置エネルギーと運動エネルギーの和を何といいますか。
〔 **力学的エネルギー** 〕

(2) 図2は、レール上を点A〜点Dまで運動する小球の位置エネルギーの変化のようすを表したものです。このときの点A〜点Dまでの小球の運動エネルギーの変化のようすを、図2にかき入れましょう。ただし、空気の抵抗や小球とレールの間の摩擦はないものとします。
位置エネルギーと運動エネルギーの和が6目盛り分になるようにする。
小球を指で押し出したので、点Aの運動エネルギーは0ではないことに注意。

解説 **2**(2) 点Dでは運動エネルギーが0なので、力学的エネルギーは位置エネルギーと同じ6目盛り分になる。

---

11 電気の通り道を調べよう!

本文33ページ

1 ☐ にあてはまる語句を書きましょう。

(1) 電気の流れを **電流** といい、電流が流れる道すじを
回路 という。

(2) 1本の道すじでつながった回路を **直列** 回路という。

(3) 枝分かれした道すじでつながった回路を **並列** 回路という。

2 図1のような回路をつくり、電熱線aの両端に電圧を加え、電圧計の示す電圧と、電流計の示す電流の大きさを調べました。図2に、電気用図記号をかき加えて、図1の回路のようすを表す回路図を完成させましょう。 [北海道]

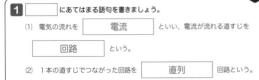
図1 電源装置 電熱線a 電圧計 電流計
図2 A V

3 モーターに加わる電圧と流れる電流を測定するための回路を表しているのは、次のア〜エのうちではどれですか。1つ選びましょう。ただし、Ⓥは電圧計、Ⓐは電流計、Ⓜはモーターを表しています。 [岡山県]

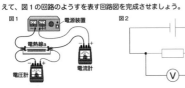
ア イ ウ エ

〔 **イ** 〕

解説 **3** 電圧計はモーターに並列になるようにつなぎ、電流計はモーターに直列になるようにつなぐ。

---

12 電流と電圧にはどんな関係がある?

本文35ページ

1 ( ) の中の正しいものを○で囲みましょう。

抵抗器を流れる電流の大きさは、電圧の大きさに ((比例)・反比例) する。

2 右の図のように回路を組み、10 Ωの抵抗器aと、電気抵抗がわからない抵抗器bを直列に接続しました。電源装置で5.0 Vの電圧を加え、電流計が0.20 Aの値を示したとき、抵抗器aに加わる電圧は何Vですか。また、抵抗器bの電気抵抗は何Ωですか。 [栃木県]

10 Ω 抵抗器a 抵抗器b A

電圧〔 **2.0 V** 〕 抵抗〔 **15 Ω** 〕

加わる電圧は 10 Ω×0.20 A=2.0 V、電気抵抗は $\frac{5.0\ V-2.0\ V}{0.20\ A}$ =15 Ω

3 10 Ωの抵抗器を2個と電流計、電源装置を用いて回路をつくり、電圧を10 Vにしたところ電流計は2 Aを示しました。このときの回路図として正しいものはどれですか。次のア〜エから1つ選びましょう。 [岩手県]

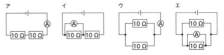
ア 10 Ω 10 Ω A
イ A 10 Ω 10 Ω
ウ 10 Ω A 10 Ω
エ 10 Ω 10 Ω A

全体の抵抗は、$\frac{10\ V}{2\ A}$ =5 Ω よって、抵抗器を並列につなぐ。
〔 **ウ** 〕

4 電源装置の電圧を変えて、ある抵抗器の両端に加わる電圧とその抵抗器に流れる電流の大きさとの関係を調べました。右の図は、その結果を表したグラフです。抵抗器の抵抗は何Ωですか。 [愛媛県・改]

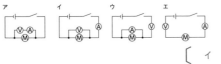
電流 (A) 0.6 0.4 0.2 0 2 4 6 8 10 電圧 (V)

〔 **20 Ω** 〕

グラフより、4 Vの電圧を加えたとき 0.2 Aの電流が流れる。$\frac{4\ V}{0.2\ A}$ =20 Ω

解説 **3** 電流計は回路に直列につなぐので、イ、エは電流計のつなぎ方が正しくない。

13 回路の問題をマスターしよう！

1 右の図のような回路をつくり、スイッチを切りかえて電流を測定し、結果を表にまとめました。このとき、抵抗器 a の電気抵抗は50 Ωであることがわかっています。あとの問いに答えましょう。ただし、抵抗器以外の電気抵抗は考えないものとし、電源の電圧は一定であるものとします。　　　　　　　　[宮崎県]

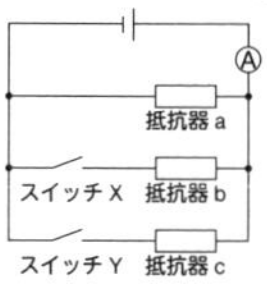

スイッチX	切る	入れる	切る	入れる
スイッチY	切る	切る	入れる	入れる
電流計の値	120 mA	360 mA	200 mA	mA

(1) スイッチXとYを両方とも切っているとき、抵抗器 a に加わる電圧は何Vですか。

120 mA＝0.12 Aより、50 Ω×0.12 A＝6 V 　　[6 V]

(2) 表の □ に入る数値として適切なものを、次のア～エから1つ選びましょう。　　　　[イ]

ア 320　イ 440　ウ 560　エ 680

それぞれの抵抗器に加わる電圧は電源の電圧に等しいので、抵抗器 a には0.12 A の電流が流れている。抵抗器 b に流れる電流は、360 mA－120 mA＝240 mA より、スイッチX、Yを入れたとき、電流計が示す値は、200 mA＋240 mA＝440 mA

2 右の図のように、抵抗の値が20 Ωの抵抗器 a、30 Ωの抵抗器 b、抵抗の値がわからない抵抗器 c をつないだ回路をつくりました。抵抗器 b に加わる電圧を6.0 Vにしたところ、回路全体に流れる電流は0.30 Aでした。抵抗器 c の抵抗の値は何Ωですか。[岐阜県・改]

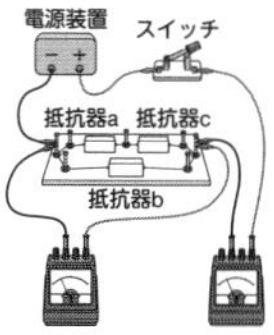

抵抗器 b に流れる電流は、
$\frac{6.0 \text{ V}}{30 \text{ Ω}}$＝0.20 A　　　　[40 Ω]

回路全体に流れる電流は、抵抗器 a、c に流れる電流と抵抗器 b に流れる電流の和となる。よって、抵抗器 a、c に流れる電流は、0.30 A－0.20 A＝0.10 A
抵抗器 c に加わる電圧は、6.0 V－20 Ω×0.10 A＝4.0 V　抵抗器 c の抵抗の値は、$\frac{4.0 \text{ V}}{0.10 \text{ A}}$＝40 Ω

解説 **2** （抵抗器 a に加わる電圧）＋（抵抗器 c に加わる電圧）＝（抵抗器 b に加わる電圧）＝6.0 V

---

14 電気で水の温度を上げよう！

本文39ページ

1 〔 　 〕にあてはまる語句を書きましょう。

(1) 電力（W）＝〔 電圧 〕（V）×〔 電流 〕（A）

(2) 電力量（J）＝〔 電力 〕（W）×〔 時間 〕（s）

2 右の図のように、電源装置とスイッチ、抵抗器、電流計、電圧計をつなぎました。スイッチを入れたとき、抵抗器の両端の電圧は5.0 V、抵抗器を流れる電流は0.34 Aでした。この抵抗器で消費される電力は何Wか、求めましょう。　　[島根県]

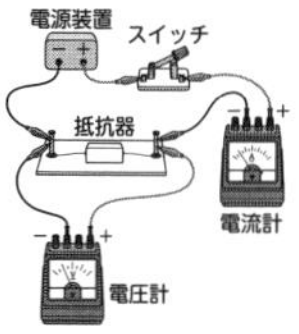

5.0 V×0.34 A
＝1.7 W　　　　[1.7 W]

3 消費電力が1200 Wの電子レンジで60秒間加熱する場合、消費する電力量は何Whですか。[山口県]　　　　　　　[20 Wh]

60 秒間＝1分間＝$\frac{1}{60}$時間　1200 W×$\frac{1}{60}$時間＝20 Wh

4 熱と電気エネルギーの関係を調べるために、右の図のように電熱線を水の中に入れて電流を流す実験を行いました。このとき、電熱線に4 Vの電圧を加えて、1.5 Aの電流が5分間流れたとすると、発生した熱量は何Jになりますか。[宮崎県]　　　[1800 J]

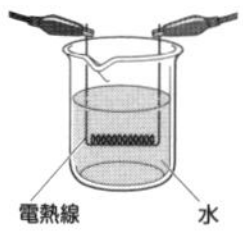

電力は 4 V×1.5 A＝6 W、
5分間＝300 秒間より、熱量は 6 W×300 s＝1800 J

5 電気エネルギーを熱エネルギーへと変換させているものとして適切なものを、次のア～オから1つ選びましょう。　　[岐阜県]

ア 発電機　イ 化学かいろ　ウ 電気ストーブ　　　[ウ]
エ 乾電池　オ LED電球

解説 **5** アは運動→電気、イは化学→熱、エは化学→電気、オは電気→光のようにエネルギーを変換している。

---

15 電流と磁界にはどんな関係があるの？

本文41ページ

1 (1)・(3)・(4)はあてはまる語句を書き、(2)は正しいものを○で囲みましょう。

(1) 磁力がはたらく空間を [磁界] という。

(2) 磁針の（ (N極)・S極 ）の指す向きを、磁界の向きという。

(3) コイルの内部の磁界が変化すると、電圧が生じて電流が流れる。この現象を [電磁誘導] という。

(4) (3)のときに流れる電流を [誘導電流] という。

2 電流と磁界の関係について答えましょう。　　[兵庫県]

(1) 厚紙の中央にまっすぐな導線を差しこみ、そのまわりにN極が黒くぬられた磁針を図1のように置きました。電流を a → b の向きに流したときの磁針が指す向きとして適切なものを、次のア～エから1つ選びましょう。

図1

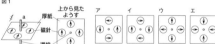

電流の向きに右ねじが進む向きをあわせると、右ねじが回る向きに磁界ができる。　　　　[イ]

(2) U字形磁石の間に通した導線に、電流を a → b の向きに流すと、図2の矢印の向きに導線が動きました。図3において、電流を b → a の向きに流したとき、導線はどの向きに動きますか。図3のア～エから適切なものを1つ選びましょう。

図2　　図3

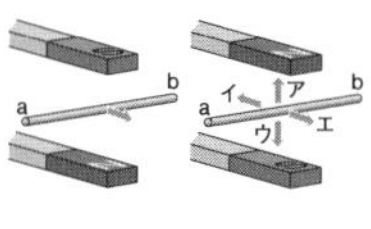

[エ]

解説 **2** (2) 力の向きは磁界の向きを変えると逆向きになるがさらに電流の向きを変えるともとの向きになる。

---

16 電流の正体は何？

本文43ページ

1 (1)・(3)はあてはまる語句を書き、(2)は正しいものを○で囲みましょう。

(1) 物体をこすり合わせることによって生じる電気を [静電気] という。

(2) ＋と－の同じ種類の電気どうしには（ 引き合う・(しりぞけ合う) ）力、ちがう種類の電気どうしには（ (引き合う)・しりぞけ合う ）力がはたらく。

(3) 電流の正体は [電子] の移動である。

2 電流の実験に関する次の問いに答えましょう。　　[愛媛県]

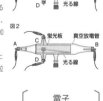

図1

図2

[実験] 図1のように、蛍光板を入れた真空放電管の電極 A、B 間に高い電圧を加えると、蛍光板上に光る線が現れた。さらに、図2のように、電極 C、D 間にも電圧を加えると、光る線は電極D側に曲がった。

(1) 図1の蛍光板上に現れた光る線は、何という粒子の流れによるものですか。その粒子の名称を書きましょう。

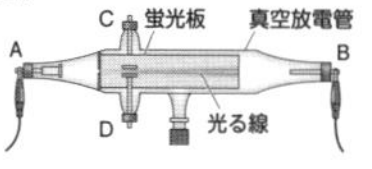

[電子]

(2) 図2の電極 A、C は、それぞれ＋極、－極のいずれになっていますか。＋、－の記号で書きましょう。

A [－] 極　C [－] 極

3 放射性物質が、放射線を出す能力のことを何といいますか。その語句を書きましょう。　　[埼玉県・2023]

[放射能]

解説 **2** (2) 陰極線は－極から出るので電極 A は－極、陰極線は－極から遠ざかるので電極Cも－極である。

05

17 実験器具を正しく使おう！

1 ガスバーナーの使い方について、正しいものを○で囲みましょう。

ガスバーナーの火を消すときは、（ ガス・(空気) ）調節ねじ→

（ (ガス)・空気 ）調節ねじ→コック→元栓の順にしめる。

2 100 mLまで体積を測定することのできるメスシリンダーを用いて、液体75.0 mLをはかりとりました。次の ① 、 ② にあてはまる適切な語句を、①はア〜ウから、②はエ〜キから1つずつ選びましょう。 [岐阜県]

はかりとったときの、目盛りを読みとる目の位置は液面 ① であり、メスシリンダーの目盛りと液面のようすを表したものは ② である。

ア より低い位置　イ と同じ高さ　ウ より高い位置

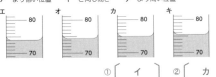

エ　オ　カ　キ

① 〔 **イ** 〕　② 〔 **カ** 〕

3 次のア〜オは、ガスバーナーに火をつけ、炎を調節するときの操作の手順を表しています。正しい順に並べて、その記号を書きましょう。 [和歌山県]

ア　ガス調節ねじを回して、炎の大きさを調節する。

イ　元栓とコックを開ける。

ウ　ガスマッチ（マッチ）に火をつけ、ガス調節ねじをゆるめてガスに点火する。

エ　ガス調節ねじを動かさないようにして、空気調節ねじを回し、空気の量を調節して青色の炎にする。

オ　ガス調節ねじ、空気調節ねじが軽くしまっていることを確認する。

〔 **オ → イ → ウ → ア → エ** 〕

解説 **2** 目の位置を液面の位置と同じ高さにして、液面の平らなところを読みとる。

---

18 物質の見分け方を知ろう！

1 □□□□ にあてはまる語句を書きましょう。

(1) 物質は、鉄やアルミニウムなどの 〔 **金属** 〕 とそれ以外の物質である 〔 **非金属** 〕 に分けることができる。

(2) 炭素をふくむ物質を 〔 **有機物** 〕 といい、それ以外の物質を 〔 **無機物** 〕 という。

(3) 1 cm³あたりの質量を 〔 **密度** 〕 という。

2 次の文の □□□□ にあてはまる語句を書きましょう。 [北海道]

金属をみがくとかがやく性質を金属 〔 **光沢** 〕 という。

3 次の文中の（ ）の中で正しいものを○で囲みましょう。 [大阪府・改]

アルミニウムは電気を（ (よく通し)・通さず ）、磁石に（ 引きつけられる・(引きつけられない) ）金属である。

4 室温20℃で、エタノールの質量を電子てんびんで測定したところ、27.3 gでした。エタノールの体積は何cm³ですか。ただし、20℃でのエタノールの密度を0.79 g/cm³とし、答えは小数第2位を四捨五入し、小数第1位まで求めましょう。 [三重県]

$$体積（cm^3）= \frac{質量（g）}{密度（g/cm^3）}$$

〔 **34.6 cm³** 〕

$\frac{27.3\,g}{0.79\,g/cm^3}=34.55\cdots$ より 34.6 cm³

解説 **3** 「磁石に引きつけられる」という性質は、金属に共通する性質ではない。

---

19 「蒸留」ってどんな操作？

1 (1)は正しいものを○で囲み、(2)はあてはまる語句を書きましょう。

(1) 物質が状態変化するとき、（ 粒子の数・(粒子どうしの間隔) ）が変化する。

(2) 液体を加熱して沸騰させ、出てくる蒸気を冷やして再び液体としてとり出すことを 〔 **蒸留** 〕 という。

2 右の表は、4種類の物質A〜Dの融点と沸点を示したものです。物質の温度が20℃のとき、液体であるものはどれですか。A〜Dの記号で答えましょう。 [栃木県・改]

	融点（℃）	沸点（℃）
物質A	−188	−42
物質B	−115	78
物質C	54	174
物質D	80	218

〔 **B** 〕

融点が20℃より低く、沸点が20℃よりも高いものを選ぶ。

3 次の実験に関するあとの問いに答えましょう。 [愛媛県・改]

[実験] 固体の物質X 2 gを試験管に入れておだやかに加熱し、物質Xの温度を1分ごとに測定した。右の図は、その結果を表したグラフである。ただし、温度が一定であった時間の長さをt、そのときの温度をTと表す。

加熱時間（分）

(1) すべての物質Xが、ちょうどとけ終わったのは、加熱時間がおよそ何分のときですか。次のア〜エから適切なものを1つ選びましょう。

ア　3分　イ　6分　ウ　9分　エ　12分 〔 **ウ** 〕

(2) 実験の物質Xの質量を2倍にして、上の実験と同じ火力で加熱したとき、時間の長さtと温度Tはそれぞれ、実験と比べてどうなりますか。次のア〜エから適切なものを1つ選びましょう。

ア　tは長くなり、Tは高くなる。　イ　tは長くなり、Tは変わらない。

ウ　tは変わらず、Tは高くなる。　エ　tもTも変わらない。

〔 **イ** 〕

解説 **3** (1) とけ終わると、温度がTより高くなる。
(2) 融点や沸点は、物質の量に関係しない。

---

20 気体の集め方・見分け方を知ろう！

1 (1)は正しいものを○で囲み、(2)・(3)は □□□□ にあてはまる語句を書きましょう。

(1) 上方置換法で集めるのに適した気体は、水に（ (とけやすく)・とけにくく ）、空気よりも密度が（ 大きい・(小さい) ）気体である。

(2) 鉄や亜鉛などの金属にうすい塩酸を加えると、 〔 **水素** 〕 が発生する。

(3) 石灰石にうすい塩酸を加えると、 〔 **二酸化炭素** 〕 が発生する。

2 下の図は、酸素を発生させたときの集め方を示しています。 □□□□ 内に入る最も適切な集め方はどれですか。次のア〜ウから1つ選びましょう。また、その集め方を何といいますか。 [富山県・改]

記号 〔 **ウ** 〕　集め方 〔 **水上置換法** 〕

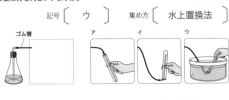

ゴム管　ア　イ　ウ

3 二酸化炭素の性質について、正しく述べているものはどれですか。次のア〜エから適切なものを1つ選びましょう。 [栃木県・改]

ア　石灰水を白くにごらせる。

イ　水にとけてアルカリ性を示す。

ウ　燃えやすい気体である。

エ　空気よりも軽い気体である。

〔 **ア** 〕

解説 **2** 酸素は水にとけにくいので水上置換法で集める。

21 水にとけたものはどうなるの?

本文57ページ

1 次の問いに答えましょう。

(1) 食塩80 gを420 gの水にとかした食塩水の質量パーセント濃度は何%ですか。$\dfrac{80\,g}{80\,g+420\,g}\times100=16$ より、16% 〔 **16%** 〕

(2) 質量パーセント濃度が10%の食塩水200 gをつくるのに、食塩と水は何gずつ必要ですか。

食塩 〔 **20 g** 〕　水 〔 **180 g** 〕

食塩の質量は、$200\,g\times\dfrac{10}{100}=20\,g$　水の質量は、$200\,g-20\,g=180\,g$

2 塩化ナトリウムのとけ方について調べるために次の実験を行いました。あとの問いに答えましょう。　[宮崎県・改]

[実験]　① 水100 gが入ったビーカーを用意した。

② ①の水に塩化ナトリウムを入れ、完全にとかした。

③ できた水溶液の質量パーセント濃度を塩分濃度計で測定した。

(1) 実験の結果、塩化ナトリウム水溶液の質量パーセント濃度は4.0%でした。このとき水溶液には塩化ナトリウムが何gとけていますか。ただし、答えは、小数第2位を四捨五入して求めましょう。　〔 **4.2 g** 〕

とけている塩化ナトリウムをxとすると、
$\dfrac{x}{x+100\,g}\times100=4.0$　$x=4.16\cdots$より、4.2 g

(2) 実験でできた塩化ナトリウム水溶液を加熱したときの質量パーセント濃度の変化についても調べ、次のようにまとめました。(　)に入る適切な語句を〇で囲みましょう。

[まとめ]　塩化ナトリウム水溶液を加熱していくと、しだいに
((溶媒)・溶質)の量が減少するため、塩化ナトリウム水溶液の質量パーセント濃度は((高くなる)・低くなる)。

溶質…水溶液にとけている物質、溶媒…溶質をとかしている液体

> **解説** **2**(2) 加熱すると溶媒の水が蒸発して水溶液の質量が減少するので、質量パーセント濃度は高くなる。

---

22 とけたものをとり出そう!

本文59ページ

1 〔　〕にあてはまる語句を書きましょう。

(1) 一定量の水に物質が限度までとけている水溶液を
〔 **飽和水溶液** 〕という。

(2) 水100 gに物質をとけるだけとかしたとき、とけた物質の質量を
〔 **溶解度** 〕という。

2 溶解度のちがいを調べるため、次の実験を行いました。右の図はミョウバンと塩化ナトリウムの溶解度曲線です。あとの問いに答えましょう。　[佐賀県・改]

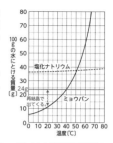

[実験]　ミョウバン、塩化ナトリウムを24 gずつはかりとり、それぞれ60℃の水100 gにとかした。その後、これらの水溶液を20℃まで冷やした。このときに現れた結晶をろ過し、ろ紙に残った結晶を乾燥させ、質量をはかった。

(1) 実験のように、溶解度の差を利用して、一度とかした物質を再び結晶としてとり出すことを何といいますか。
〔 **再結晶** 〕

(2) 実験で現れた結晶は何gですか、次のア〜エから適切なものを1つ選びましょう。ただし、結晶はすべて回収できたものとします。

ア　約5 g　イ　約12 g　ウ　約26 g　エ　約46 g

60℃ではどちらもすべてとけている。20℃では、塩化ナトリウムはすべてとけているが、ミョウバンは24 g−12 g=12 gが結晶となって出てくる。　〔 **イ** 〕

> **解説** **2**(2) 20℃のときの塩化ナトリウムの溶解度は約36 gなので、塩化ナトリウムは全部とけたままである。

---

23 物質を熱や電気で分解しよう!

本文63ページ

1 〔　〕にあてはまる語句を書きましょう。

1種類の物質が2種類以上の物質に分かれる化学変化を
〔 **分解** 〕という。

2 右の図のような実験装置をつくり、炭酸水素ナトリウムを加熱して気体を発生させる実験を行いました。あとの問いに答えましょう。　[高知県]

(1) 炭酸水素ナトリウムを加熱して発生した気体は何ですか、化学式で書きましょう。　〔 CO_2 〕

炭酸水素ナトリウムの熱分解は、
$2NaHCO_3 \rightarrow Na_2CO_3 + CO_2 + H_2O$

(2) この実験では、図のように試験管Aの口を少し下げておく必要があります。試験管Aの口を下げておく理由を、簡潔に書きましょう。

〔 (例) 生じた液体が試験管Aの加熱部分に流れこむのを防ぐため。 〕

生じた液体が加熱部分に流れこむと、試験管Aが割れるおそれがある。

3 水酸化ナトリウムをとかした水を装置上部まで満たして電気分解し、図のように気体が集まったところで実験を終了しました。陰極で発生した気体の性質として適切なものを、次のア〜エから1つ選びましょう。　[茨城県]

ア　赤インクをつけたろ紙を近づけるとインクの色が消える。

イ　マッチの火を近づけると音を立てて気体が燃える。

ウ　水でぬらした青色リトマス紙をかざすと赤色になる。

エ　火のついた線香を入れると線香が激しく燃える。

〔 **イ** 〕

> **解説** **3** 陰極からは水素、陽極からは酸素が発生する。アは塩素、ウは酸性の物質、エは酸素の性質。

---

24 物質は何からできているの?

本文65ページ

1 〔　〕にあてはまる語句を書きましょう。

(1) 物質をつくっている最も小さい粒子を 〔 **原子** 〕という。

(2) 物質の性質を示す最小の粒子を 〔 **分子** 〕という。

(3) 1種類の元素からできている物質を 〔 **単体** 〕、2種類以上の元素でできている物質を 〔 **化合物** 〕という。

2 水素と酸素とが反応して水ができる化学変化の化学反応式は、
$2H_2 + O_2 \rightarrow 2H_2O$ で表されます。この化学変化をモデルで表したものとして適切なものを次のア〜エから1つ選びましょう。　[大阪府]

●●がH_2、◎◎がO_2、△◎△がH_2Oを表している。　〔 **エ** 〕

3 次の化学反応式は、炭酸カルシウムと塩酸の反応を表したものです。 ① にあてはまる数字と、 ② にあてはまる化学式を書きましょう。　[大分県]

$CaCO_3 + \boxed{①}\ HCl \rightarrow CaCl_2 + H_2O + \boxed{②}$

①〔 **2** 〕　②〔 CO_2 〕

4 次のア〜エから単体を1つ選びましょう。　[静岡県]

ア　酸素　イ　水　ウ　硫化鉄　エ　塩酸　〔 **ア** 〕

化学式は、アはO_2、イはH_2O、ウはFeS　エはHCl (塩化水素)の水溶液。

> **解説** **2 3** 化学反応式では、矢印の右辺と左辺で、原子の種類と数が等しくなるようにする。

25 化学変化にはどんなものがある?

1 いろいろな化学変化について、正しいものを○で囲みましょう。
(1) 物質が酸素と結びつく化学変化を（ 酸化 ・還元 ）、酸化物が酸素を失う化学変化を（ 酸化・ 還元 ）という。
(2) 熱を発生する化学変化を（ 発熱・吸熱 ）反応、熱を吸収する化学変化を（ 発熱・吸熱 ）反応という。

2 化学変化に関する次の問いに答えましょう。

[愛媛県・改]

[実験] 黒色の酸化銅と炭素の粉末をよく混ぜ合わせた。これを右の図のように、試験管Pに入れて加熱すると、気体が発生して液体Yが白くにごり、試験管Pの中に赤色の物質ができた。試験管Pが冷めてから、この赤色の物質をとり出し、性質を調べた。

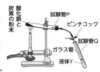
酸化銅と炭素の粉末
試験管P
ピンチコック
試験管Q
ガラス管
液体Y

(1) 次の文の（ ）に入る適切な語句を○で囲みましょう。
下線部の赤色の物質を薬さじでこすると、金属光沢が見られた。また、赤色の物質には、①（ 磁石につく・電気をよく通す ）という性質も見られた。これらのことから、赤色の物質は、酸化銅が炭素により②（ 酸化・ 還元 ）されてできた銅であると確認できた。

(2) 液体Yが白くにごったことから、発生した気体は二酸化炭素であるとわかりました。液体Yとして適切なものを次のア～エから1つ選びましょう。
ア 食酢　　イ オキシドール
ウ 石灰水　エ エタノール

[ウ]

(3) 酸化銅と炭素が反応して銅と二酸化炭素ができる化学変化を、化学反応式で表すとどうなりますか。次の化学反応式を完成させましょう。

$2CuO + C →$ [$2Cu + CO_2$]

解説 **2**(3) 矢印の右辺でも、銅原子が2個、酸素原子が2個、炭素原子が1個になるようにする。

---

26 化学変化に決まりがあるの?

1 ___ にあてはまる語句を書きましょう。
化学変化の前後で、化学変化に関係する物質全体の質量は変わらない。これを

[質量保存] の法則という。

2 次の実験について、あとの問いに答えましょう。

[岐阜県・改]

[実験] 右の図のように、ステンレス皿に銅の粉末0.60 gを入れ、質量が変化しなくなるまで十分に加熱したところ、黒色の酸化銅が0.75 gできた。銅の粉末の質量を、0.80 g、1.00 g、1.20 g、1.40 gと変えて同じ実験を行った。表は、その結果をまとめたものである。

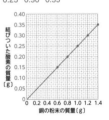
ステンレス皿
銅の粉末

銅の粉末の質量〔g〕	0.60	0.80	1.00	1.20	1.40
酸化銅の質量〔g〕	0.75	1.00	1.25	1.50	1.75
結びついた酸素の質量〔g〕	0.15	0.20	0.25	0.30	0.35

(1) 表をもとに、銅の粉末の質量と結びついた酸素の質量の関係をグラフにかきましょう。なお、グラフの縦軸には適切な数値を書きましょう。
結びついた酸素の質量の最大値（0.35）が入るように目盛りをとる。

(2) 実験で、銅の粉末0.90 gを質量が変化しなくなるまで十分に加熱すると、酸化銅は何gできますか。小数第3位を四捨五入して、小数第2位まで書きましょう。酸化銅の質量を x とすると、
銅の質量：酸化銅の質量
$=0.80 g : 1.00 g = 0.90 g : x$
$x = 1.125$ より、1.13 g

[1.13 g]

解説 **2**(2) 銅の粉末の質量と生じた酸化銅の質量は比例する。

---

27 水溶液に電流が流れるのはなぜ?

1 ___ にあてはまる語句を書きましょう。
(1) 水にとかしたときに電流が流れる物質を [電解質] という。
(2) (1)が水にとけて陽イオンと陰イオンに分かれることを [電離] という。

2 陽子、中性子、電子それぞれ2つずつからできているヘリウム原子の構造を模式的に表した図として適切なものを、次のア～エから1つ選びましょう。

[和歌山県]

ア　イ　ウ　エ
原子核　原子核　原子核　原子核
● 陽子
○ 中性子
− 電子

原子は原子核と−の電気をもつ電子からできている。原子核は、+の電気をもつ陽子と電気をもたない中性子からできている。

[イ]

3 次の文は陽イオンと陰イオンのでき方について述べたものです。文中の（ ）に入る適切な語句を○で囲みましょう。

[佐賀県・改]

原子は、（ + ・ − ）の電気をもつ電子を受けとったり、放出したりすることがある。電子を（ 受けとる・放出する ）と、+の電気を帯びた陽イオンになる。電子を（ 受けとる ・放出する ）と−の電気を帯びた陰イオンになる。

4 水溶液中で塩化銅が電離しているようすを化学式で表しましょう。

[富山県]

[$CuCl_2 → Cu^{2+} + 2Cl^-$]

解説 **3** 電子は−の電気をもつので、電子を放出すると+の電気を帯び、受けとると−の電気を帯びる。

---

28 「ダニエル電池」ってどんな電池?

1 (1)・(2)は正しいものを○で囲み、(3)はあてはまる語句を書きましょう。
(1) 亜鉛と銅を比べると（ 亜鉛 ・銅 ）の方がイオンになりやすい。
(2) 亜鉛とマグネシウムを比べると（ 亜鉛・ マグネシウム ）の方がイオンになりやすい。
(3) 電池は、化学変化を利用して、物質のもつ [化学] エネルギーを [電気] エネルギーに変換する装置である。

2 右の図のように、ダニエル電池用水そうの内部をセロハンで仕切り、亜鉛板を硫酸亜鉛水溶液に、銅板を硫酸銅水溶液に入れ、亜鉛板と銅板をプロペラつき光電池用モーターにつなぐと、プロペラが回転しました。次の問いに答えましょう。

[高知県・改]

プロペラつき光電池用モーター
セロハン
亜鉛板
銅板
硫酸銅水溶液
硫酸亜鉛水溶液
ダニエル電池用水そう

(1) プロペラが回転しているときに亜鉛板の表面で起こっている化学変化を、化学反応式で書きましょう。ただし、電子はe⁻を使って表すものとします。

[$Zn → Zn^{2+} + 2e^-$]

(2) 次の文の（ ）に入る適切な語句を○で囲みましょう。
ダニエル電池の+極は（ 亜鉛板・ 銅板 ）、−極は（ 亜鉛板 ・銅板 ）で、電子は（ 亜鉛板から銅板 ・銅板から亜鉛板 ）へ向かって移動する。

解説 **2**(1) 亜鉛（Zn）は、電子を2個失って、陽イオンの亜鉛イオン（Zn^{2+}）になる。

29 水溶液の性質を調べよう！

本文75ページ

1 (1)・(4)は正しいものを〇で囲み、(2)・(3)はあてはまる語句を書きましょう。

(1) BTB溶液は（ **酸性**・中性・アルカリ性 ）で黄色、
（ 酸性・**中性**・アルカリ性 ）で緑色、（ 酸性・中性・**アルカリ性** ）で
青色になる。

(2) 水にとけて電離し、水素イオンを生じる物質を
〔 **酸** 〕という。

(3) 水にとけて電離し、水酸化物イオンを生じる物質を
〔 **アルカリ** 〕という。

(4) pHが7より小さい水溶液は（ **酸性**・アルカリ性 ）である。

2 右の図のように、電流を流れやすくするた
めに中性の水溶液をしみこませたろ紙の上
に、青色リトマス紙A、Bと赤色リトマス
紙C、Dを置いたあと、うすい水酸化ナト
リウム水溶液をしみこませた糸を置いて、
電圧を加えた。しばらくすると、赤色リト
マス紙Dだけ色が変化し、青色になった。
次の文の（ ）に入る適切な語句を〇で囲みましょう。［愛媛県・改］

うすい水酸化ナトリウム水溶液を
しみこませた糸

電源装置

AとBは青色リトマス紙、
CとDは赤色リトマス紙

赤色リトマス紙の色が変化したので、水酸化ナトリウム水溶液はアルカリ性
を示す原因となるものをふくんでいることがわかる。
また、赤色リトマス紙は陽極側で色が変化したので、色を変化させたものは
（ 陽イオン・**陰イオン** ）であることがわかる。
これらのことから、アルカリ性を示す原因となるものは
（ ナトリウムイオン・**水酸化物イオン** ）であると確認できる。

解説 **2** アルカリ性を示すもとになる水酸化物イオンは、
－の電気を帯びているので、陽極に引かれる。

---

30 酸とアルカリを混ぜよう！

本文77ページ

1 〔 〕にあてはまる語句を書きましょう。
水素イオンと水酸化物イオンが結びついて水になり、たがいの性質を打ち消
し合う反応を〔 **中和** 〕という。

2 酸の陰イオンとアルカリの陽イオンが結びついてできた物質を何といいますか。
［栃木県］
〔 **塩** 〕

3 硫酸に水酸化バリウム水溶液を加えたときの変化を、化学反応式で書きましょ
う。［大分県］

$$H_2SO_4 + Ba(OH)_2 → BaSO_4 + 2H_2O$$

4 うすい水酸化ナトリウム水溶液を入れたビーカーにフェノールフタレイン溶液
を数滴加え、ガラス棒でよくかき混ぜながら、うすい塩酸を少しずつ加えてい
き、ビーカー内の水溶液の色を観察しました。このとき、うすい塩酸を5 mL
加えたところでビーカー内の水溶液が無色に変化し、その後うすい塩酸を合計
10 mLになるまで加えましたが、水溶液は無色のままでした。うすい塩酸を
加え始めてから10 mL加えるまでの、ビーカー内の水溶液にふくまれるイオ
ンの数の変化についての説明として適切なものを次のア～エから1つ選びま
しょう。［神奈川県］

ア 水素イオンの数は、増加したのち、一定になった。
イ 水酸化物イオンの数は、減少したのち、増加した。
ウ 塩化物イオンの数は、はじめは一定で、やがて増加した。
エ ナトリウムイオンの数は、常に一定だった。

〔 **エ** 〕

ナトリウムイオン（Na^+）の数は一定で、塩化物イオン（Cl^-）の数は
ふえ続ける。

解説 **4** うすい塩酸を5 mL加えるまで、H^+の数は0、
OH^-は減る。それ以降は、OH^-は0、H^+はふえる。

---

31 植物のつくりを観察しよう！

本文83ページ

1 右の図は、マツの雄花と雌花のりん片です。受粉後に
成長して種子になるのは、a、bどちらの部分ですか。
〔 **b** 〕

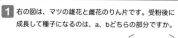

左は雄花、右は雌花。aは花粉のう、bは胚珠。

2 手に持ったエンドウの花を観察するときのルーペの使い方として適切なものを、
次のア～エから1つ選びましょう。［和歌山県］
〔 **ウ** 〕

ア 顔だけを動かす　イ ルーペだけを動かす　ウ 花だけを動かす　エ ルーペと花を動かす

3 受粉後に、サクラは図1のようなサクランボを実ら
せ、イチョウは図2のようなギンナンを実らせます。
図3は、サクランボ、ギンナンのどちらかの断面を
表した模式図です。サクラとイチョウのつくりにつ
いて説明した次の文の①、②に入る語句として適切
なものを、あとのア～ウから1つ選びましょう。ま
た、③に入る語句として適切なものを、あとのア、
イから1つ選びましょう。［兵庫県・改］

図1 サクランボ　図2 ギンナン

図3 果実　種子　胚

サクラの花には①〔ア 胚珠　イ 花粉のう　**ウ 子房**〕があり、イチョ
ウの花には①がない。②〔ア 種子　**イ 果実**　ウ 胚〕は①が成長した
ものであることから、図3は、③〔**ア サクランボ**　イ ギンナン〕の断面
を表した模式図である。

① 〔 **ウ** 〕　② 〔 **イ** 〕　③ 〔 **ア** 〕

解説 **3** サクラのような被子植物の胚珠は子房の中にあり、
イチョウのような裸子植物の胚珠はむき出し。

---

32 植物はどのように分類できる？

本文85ページ

1 (1)・(2)はあてはまる語句を書き、(3)は正しいものを〇で囲みましょう。

(1) 被子植物の中で、子葉が1枚のものを〔 **単子葉類** 〕、子葉
が2枚のものを〔 **双子葉類** 〕という。

(2) シダ植物とコケ植物は、〔 **胞子** 〕をつくってふえる。

(3) シダ植物は葉、茎、根の区別が〔 **ある**・ない 〕が、コケ植物は葉、茎、
根の区別が〔 ある・**ない** 〕。

2 太郎さんは、観察した7種類の植物について、下の図のように4つの観点で、
タンポポ以外をA～Eに分類しました。あとの問いに答えましょう。［富山県］

(1) 右下の図の観点1～4は、次のア～カのどれかです。観点1、観点3にあ
てはまるものはどれですか。ア～カから1つずつ選びましょう。

観点1 〔 **ウ** 〕　観点3 〔 **エ** 〕

ア 子房がある
イ 根はひげ根である
ウ 種子でふえる
エ 子葉が2枚である
オ 花弁が分かれている
カ 胞子でふえる

観点1　いいえ／はい　観点2　観点3　観点4

A イヌワラビ ゼニゴケ　B マツ　C ツユクサ　D アサガオ　E アブラナ

(2) タンポポはA～Eのどれに分類されますか。
タンポポは
合弁花類
（双子葉類）
〔 **D** 〕

(3) Aに分類したイヌワラビとゼニゴケでは、水分を吸収するしくみが異なっ
ています。ゼニゴケは、必要な水分をどのように吸収しますか。「ゼニゴケは」
に続けて簡単に書きましょう。

〔 ゼニゴケは、必要な水分をからだの表面全体から直接吸収する。 〕

解説 **2** (1) 観点2は「子房がある」、観点4は「花弁が分か
れている」があてはまる。

33 動物はどのように分類できる?

本文87ページ

1 ☐ にあてはまる語句を書きましょう。

(1) 軟体動物の内臓は 外とう膜 という膜に包まれている。

(2) 節足動物のからだは 外骨格 という殻でおおわれている。

2 授業で脊椎動物の特徴をカードを使ってホワイトボードにまとめましたが、はられたカードのうち8枚がはずれてしまいました。次の図は、ホワイトボードから8枚のカードがはずれた状態の表です。また、下のア〜クは、ホワイトボードからはずれた8枚のカードです。 ① 〜 ③ のカードとして適切なものを、下のア〜クからそれぞれ1つずつ選びましょう。 [宮崎県]

特徴	①	哺乳類	は虫類	②	魚類
羽毛や体毛がない			○	○	○
えらで呼吸する時期がある				○	○
肺で呼吸する時期がある	○	○	○	○	
③		○			
卵生で、卵を水中に産む				○	○
卵生で、卵を陸上に産む	○		○		
背骨をもっている	○	○	○	○	○

ア 哺乳類 イ は虫類 ウ 鳥類 エ 両生類
オ 背骨をもっている カ 卵生で、卵を水中に産む
キ 胎生である ク 羽毛や体毛がない

① [ウ] ② [エ] ③ [キ]

解説 **2** えらで呼吸する時期があるので、②にあてはまるのは両生類、1つしか○のない③は「胎生である」が入る。

---

34 顕微鏡で細胞を見てみよう!

本文89ページ

1 ☐ にあてはまる語句を書きましょう。

(1) 細胞質のいちばん外側は 細胞膜 といううすい膜である。

(2) (1)と細胞の中心付近に1個ある 核 は、植物の細胞にも動物の細胞にも見られる。

(3) 植物の細胞だけに見られる緑色の粒を 葉緑体 という。

2 接眼レンズの倍率が15倍、対物レンズの倍率が40倍のとき、顕微鏡の倍率は何倍ですか、求めましょう。 [石川県] 600倍

顕微鏡の倍率=接眼レンズの倍率×対物レンズの倍率より、15×40=600倍

3 顕微鏡の倍率を40倍から100倍に変えたときの視野の広さと明るさについての説明として適切なものを次のア〜エから1つ選びましょう。 [神奈川県]

ア 視野は広くなり、明るくなる。 イ 視野は広くなり、暗くなる。
ウ 視野はせまくなり、明るくなる。 エ 視野はせまくなり、暗くなる。

[エ]

4 右の図は、ある被子植物の葉の内部に存在する細胞の模式図であり、図中のaは核を示しています。核について述べた文として適切なものを、次のア〜エからすべて選びましょう。 [高知県]

ア 植物の細胞のみに見られ、細胞を保護するとともに、植物のからだを支える役割も担っている。
イ 動物と植物の細胞に共通して見られ、酢酸オルセインによく染まる。
ウ 光を吸収し、光合成を行っている。
エ DNAをふくみ、親の形質が子に伝わる遺伝にかかわる。

[イ、エ]

解説 **3** 高倍率にすると、視野はせまくなり、暗くなるので、しぼりや反射鏡を使って明るさを調節する。

---

35 「光合成」ってどんなはたらき?

本文91ページ

1 植物が光を受けてデンプンなどの栄養分をつくり出すはたらきを 光合成 という。

2 タンポポの葉のはたらきを調べるために、次の手順1〜3で実験を行った。実験についてまとめたあとの文の ① にはAまたはBを、 ② には適切な語句を入れて、文を完成させましょう。 [長崎県]

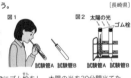

[実験] 手順1 図1のように、試験管Aにはタンポポの葉を入れた状態で、試験管Bには何も入れない状態で、両方の試験管にストローで息をふきこんだ。
手順2 図2のように試験管AとBにゴム栓をし、太陽の光を30分間当てた。
手順3 試験管AとBに、それぞれ静かに少量の石灰水を入れ、再びゴム栓をしてよく振った。

手順3の結果、石灰水がより白くにごったのは試験管 ① である。石灰水のにごり方のちがいは、試験管内の ② の量に関係している。

① [B] ② [二酸化炭素]

3 右の図は、植物が葉で光を受けて栄養分をつくり出すしくみを模式的に表したものです。図中の ① 〜 ③ に入る語句として適切なものを、次のア〜ウから1つずつ選びましょう。 [兵庫県]

ア 二酸化炭素 イ 酸素 ウ 水

① [ウ] ② [ア] ③ [イ]

解説 **2** 試験管Aでは、タンポポの葉が二酸化炭素を使って光合成を行うので、二酸化炭素が減少している。

---

36 「蒸散」ってどんなはたらき?

本文93ページ

1 (1)・(3)はあてはまる語句を書き、(2)・(4)は正しいものを○で囲みましょう。

(1) 根から吸収した水や肥料分を運ぶ管を 道管 という。

(2) (1)は、茎の維管束の〔 (内側)・外側 〕にある。

(3) 葉でつくられた栄養分を運ぶ管を 師管 という。

(4) (3)は、茎の維管束の〔 内側・(外側) 〕にある。

2 ツバキ、アジサイの蒸散量を比較するために、次のような実験を行いました。あとの問いに答えましょう。ただし、蒸散量は吸水量と等しいものとします。 [長野県・改]

[実験] ① 葉の枚数や大きさ、茎の太さや長さがそろっているツバキの枝を3本準備した。
② 右の図のように、葉へのワセリンのぬり方を変え、吸水量を調べた。
③ アジサイについてもツバキと同様に吸水量を調べ、結果を表にまとめた。

	ツバキ	アジサイ
葉の裏側だけにワセリンをぬった場合の吸水量〔mL〕	1.5	1.1
葉の表側と裏側にワセリンをぬった場合の吸水量〔mL〕	1.4	0.2
ワセリンをぬらなかった場合の吸水量〔mL〕	6.2	4.2

(1) 表のツバキについて、葉の表側の蒸散量は何mLですか、小数第1位まで書きましょう。

1.5 mL−1.4 mL=0.1 mL [0.1 mL]

(2) 表のアジサイについて、葉の裏側の蒸散量はアジサイの蒸散量全体の何%ですか、小数第1位を四捨五入して、整数で書きましょう。

葉の裏側の蒸散量は、4.2 mL−1.1 mL=3.1 mL
アジサイ全体の蒸散量は4.2 mLなので
$\frac{3.1}{4.2}×100=73.8…$より、74% [74%]

解説 **2**(2) 4.2（葉の表＋裏＋茎の蒸散量）−1.1（葉の表＋茎の蒸散量）=3.1（葉の裏の蒸散量）

37 食べ物のゆくえを調べよう！

本文97ページ

1 ☐ にあてはまる語句を書きましょう。

(1) だ液や胃液、すい液のように、食物を消化するはたらきをもつ液を ☐消化液☐ という。

(2) (1)にふくまれ、食物を分解する物質を ☐消化酵素☐ という。

2 次の問いに答えましょう。 [秋田県]

(1) タンパク質が消化酵素によって変化した物質は、右の図の X、Yのどちらの管に入りますか。記号を書きましょう。また、その管の名称を書きましょう。

柔毛
X
Y

記号〔 X 〕 名称〔 毛細血管 〕

(2) 小腸に柔毛がたくさんあると、効率よく養分を吸収することができます。それはなぜですか。「表面積」という語句を用いて書きましょう。

〔 （例）小腸内の表面積が大きくなるから。 〕

3 次の問いに答えましょう。 [岐阜県]

(1) だ液にふくまれる、デンプンを分解する消化酵素として適切なものを、次のア～エから1つ選びましょう。

ア トリプシン　イ リパーゼ
ウ ペプシン　エ アミラーゼ

〔 エ 〕

(2) タンパク質や脂肪などの栄養分の分解には、さまざまな器官の消化液や消化酵素がかかわっています。脂肪の分解にかかわるものを、次のア～エからすべて選びましょう。

ア 小腸の壁の消化酵素　イ 胃液中の消化酵素
ウ 胆汁　エ すい液中の消化酵素

〔 ウ、エ 〕

解説 **3**(1) トリプシンとペプシンはタンパク質、リパーゼは脂肪の消化にかかわる。

---

38 いらなくなったものはどこへいくの？

本文99ページ

1 ☐ にあてはまる語句を書きましょう。

(1) 細胞呼吸でできたアンモニアは肝臓で ☐尿素☐ につくり変えられ、☐腎臓☐ で血液中からこし出される。

2 右の図は、肺の一部を模式的に表したものです。気管支の先端にたくさんある小さな袋は何とよばれますか。その名称を書きましょう。 [愛媛県]

気管支
毛細血管
小さな袋

〔 肺胞 〕

3 右の図は、ヒトのからだの一部を模式的に表したものです。次の問いに答えましょう。 [佐賀県]

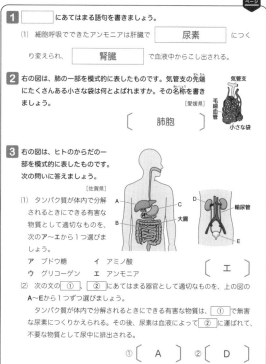
A
B
C
D
E
大腸
輸尿管

(1) タンパク質が体内で分解されるときにできる有害な物質として適切なものを、次のア～エから1つ選びましょう。

ア ブドウ糖　イ アミノ酸
ウ グリコーゲン　エ アンモニア

〔 エ 〕

(2) 次の文の ① 、 ② にあてはまる器官として適切なものを、上の図のA～Eから1つずつ選びましょう。

タンパク質が体内で分解されるときにできる有害な物質は、 ① で無害な尿素につくりかえられる。その後、尿素は血液によって ② に運ばれて、不要な物質として尿中に排出される。

①〔 A 〕 ②〔 D 〕

解説 **3**(1) タンパク質が消化酵素によって分解されるとアミノ酸ができる。アミノ酸が呼吸に使われるとアンモニアができる。

---

39 血液はどのようにからだをめぐる？

本文101ページ

1 ☐ にあてはまる語句を書きましょう。

(1) 血液の成分のうち、 ☐赤血球☐ は、酸素の運搬を行う。

(2) 血しょうは毛細血管からしみ出して ☐組織液☐ になる。

2 次の文を読んで、あとの問いに答えましょう。 [長崎県]

図は、正面から見たヒトの体内における血液の循環について、模式的に示したものです。

(1) 図のA～Dは心臓の4つの部分を示しています。Aの部分の名称を答えましょう。

〔 右心房 〕

脳
肺
e f g
A B C D
①あ い
②あ い
肝臓
③あ い
小腸
腎臓

(2) 図のe～hの血管のうち、静脈および静脈血が流れている血管の組み合わせとして適切なものは、次のどれですか。ア～エから1つ選びましょう。

〔 ア 〕

	静脈	静脈血が流れている血管
ア	eとg	eとf
イ	eとg	gとh
ウ	fとh	eとf
エ	fとh	gとh

(3) 図の①～③の ☐ で囲まれたあ、いの矢印（→）は、血液が流れる方向を示しています。①～③について、血液が流れる方向として正しいものは、あ、いのどちらですか。それぞれ記号で答えましょう。

①〔 あ 〕 ②〔 い 〕 ③〔 あ 〕

解説 **2**(2) 静脈血は酸素が少なく、二酸化炭素を多くふくむ血液なので、静脈血が流れるのは大静脈（e）と肺動脈（f）である。

---

40 からだが動くしくみを調べよう！

本文103ページ

1 (1)・(3)はあてはまる語句を書き、(2)は正しいものを○で囲みましょう。

(1) 刺激に対して無意識に起こる反応を ☐反射☐ という。

(2) (1)の反応は、意識して起こす反応より反応時間が〔 短い ・ 長い 〕。

(3) 骨についている筋肉の両端は ☐けん☐ になっている。

2 次の問いに答えましょう。 [和歌山県]

(1) 図はヒトの右目の横断面を模式的に表したものです。図中のAは、物体から届いた光が像を結ぶ部分です。この部分を何といいますか、書きましょう。

ヒトの右目の横断面の模式図
A

〔 網膜 〕

(2) 暗いところから急に明るいところに移動すると、無意識にひとみの大きさが変化します。このとき、ひとみの大きさは「大きくなる」か、「小さくなる」か、書きましょう。また、ひとみの大きさの変化のように、無意識に起こる反応を述べた文として適切なものを、次のア～ウから1つ選びましょう。

ひとみの大きさ〔 小さくなる 〕 記号〔 ア 〕

ア 熱いものにふれたとき、思わず手を引っこめた。
イ 短距離走でピストルがなったので、素早くスタートを切った。
ウ 目覚まし時計がなったとき、とっさに音を止めた。

3 右の図は、ヒトの神経系の構成についてまとめたものです。図の（ あ ）、（ い ）のそれぞれに適切な語句を補い、図を完成させましょう。 [静岡県]

（ あ ）神経
脳 脊髄
（ い ）神経
感覚神経
運動神経など

あ〔 中枢 〕 い〔 末しょう 〕

解説 **2**(2) アの反応は、脊髄から命令の信号が出る反射だが、イ、ウの反応は脳から命令の信号が出る意識的な反応である。

41 生物はどうやって成長するの？

本文105ページ

1 ［　　　］にあてはまる語句を書きましょう。

(1) からだをつくる細胞が分裂する細胞分裂を ［ 体細胞分裂 ］ という。

(2) 形質のもととなる ［ 遺伝子 ］ は、細胞の核内の染色体にある。

2 図1は、タマネギの根の先端のようすを表したものです。図2のP〜Rは、図1のa〜cのいずれかの部分の細胞を染色し、顕微鏡を使って同じ倍率で観察したものです。また、図3は、図2のPと同じ部分から新たに得た細胞を、うすい塩酸にひたしたあと、染色してつぶし、顕微鏡を使って同じ倍率で観察したものです。あとの問いに答えましょう。 ［富山県］

図1 5 mm
図2 P Q R
図3 A B C D E F

(1) 図1のaの部分を観察したものはどれか、図2のP〜Rから適切なものを1つ選びましょう。
根の根もとに近いほど細胞が大きくなる。 ［ R ］

(2) 図3のA〜Fを体細胞分裂の順に並べ、記号で答えましょう。ただし、Aを最初とします。
［ A → E → B → F → C → D ］

(3) タマネギの根の細胞で、染色体が複製される前の段階の細胞1個にふくまれる染色体の数をX本とした場合、図3のDとEの細胞1個あたりの染色体の数を、それぞれXを使って表しましょう。
D ［ X本 ］ E ［ 2X本 ］

解説 **2**(2) 体細胞分裂は　染色体が現れる→中央に集まる→両端に移動する→しきりができる→2つの細胞になる　の順に進む。

42 生物はどうやってふえるの？

本文107ページ

1 有性生殖を行う生物が、生殖のためにつくる特別な細胞のことを ［ 生殖細胞 ］ という。

2 右の表は、ジャガイモの新しい個体をつくる2つの方法を表したものです。方法Xは、ジャガイモAの花のめしべにジャガイモBの花粉を受粉させ、できた種子をまいてジャガイモPをつくる方法です。方法Yは、ジャガイモCにできた「いも」を植え、ジャガイモQをつくる方法です。
これについて、次の問いに答えましょう。 ［栃木県］

方法X 方法Y
ジャガイモA 種子 ジャガイモP
ジャガイモB
ジャガイモCにできた「いも」 ジャガイモC ジャガイモQ

(1) 方法Xと方法Yのうち、無性生殖により新しい個体をつくる方法はどちらですか、記号で答えましょう。また、このようなジャガイモの無性生殖を何といいますか。 記号 ［ Y ］ 名称 ［ 栄養生殖 ］

(2) 右の図は、ジャガイモA、Bの核の染色体を模式的に表したものです。ジャガイモPの染色体のようすとして適切なものを、次のア〜エから1つ選びましょう。

 ジャガイモA　ジャガイモB

ア　イ　ウ　エ

［ ア ］

(3) 方法Yは、形質が同じジャガイモをつくることができます。形質が同じになる理由を、分裂の種類と遺伝子に着目して、簡単に書きましょう。
［ (例) 新しい個体は体細胞分裂でふえ、遺伝子がすべて同じだから。 ］

解説 **2**(2) 有性生殖によってできた子は、親の染色体を半分ずつもつ。

43 子が親に似るのはなぜ？

本文109ページ

1 ［　　　］にあてはまる語句を書きましょう。

(1) 代を重ねても、常に親と同じ形質になるとき、これを ［ 純系 ］ という。

(2) 同時には現れない対になる形質を ［ 対立形質 ］ という。

(3) 対になった遺伝子が、減数分裂のときに分かれて別々の生殖細胞に入ることを ［ 分離 ］ の法則という。

(4) 対立形質をもつ純系どうしをかけ合わせたとき、子に現れる形質を ［ 顕性（の） ］ 形質という。

2 エンドウの種子の形には「丸」と「しわ」の2つの形質がある。右の図のように、丸い種子をつくる純系の個体と、しわのある種子をつくる純系の個体をかけ合わせると、得られる子世代はすべて丸い種子になります。この子世代を育て、自家受粉させると孫世代の種子が得られます。これについて、次の問いに答えましょう。 ［長崎県］

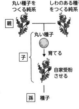

丸い種子をつくる純系　しわのある種子をつくる純系
親
丸い種子
子
育てる
自家受粉させる
孫　種子

(1) 右の図のかけ合わせにおいて、子世代に現れない「しわ」のような形質を何といいますか。
［ 潜性（の）形質 ］

(2) 下線部について、ここで得られる孫世代の種子全体のうち、種子の形が「丸」になる割合は理論上何％になると考えられますか。
［ 75% ］

種子の形が「丸」になる割合は、$\frac{3}{3+1} \times 100 = 75$ より、75%

解説 **2**(2) 孫世代の遺伝子の組み合わせは、AA：Aa：aa＝1：2：1の割合で生じるので、丸：しわ＝3：1

44 生物はどのように進化してきた？

本文111ページ

1 生物が長い年月をかけて世代を重ねる間に、形質が変化することを何といいますか。
［ 進化 ］

2 図は、カエルの前あし、ハトの翼、ヒトの腕を骨格がわかるように示した模式図です。図のように、現在の外形やはたらきは異なりますが、基本的なつくりに共通点があり、もとは同じものから変化したと考えられるからだの部分があります。生物が進化した証拠の1つとしてあげられる、このようなからだの部分を何といいますか。 ［長崎県］

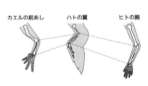

カエルの前あし　ハトの翼　ヒトの腕

［ 相同器官 ］

3 無脊椎動物と脊椎動物は共通の祖先から長い時間をかけて進化してきました。右の図は、両生類、魚類など、脊椎動物の5つのグループについて、それぞれの特徴をもつ化石がどのくらい前の年代の地層から発見されるか、そのおおよその期間を示したものです。
（ X ）〜（ Z ）にあてはまる脊椎動物のグループの組み合わせとして適切なものを、右のア〜カから1つ選びましょう。 ［佐賀県］

（ X ）
（ Y ）
（ Z ）
両生類
魚類
5　4　3　2　1　（億年前）

	X	Y	Z
ア	哺乳類	鳥類	は虫類
イ	哺乳類	は虫類	鳥類
ウ	鳥類	哺乳類	は虫類
エ	鳥類	は虫類	哺乳類
オ	は虫類	哺乳類	鳥類
カ	は虫類	鳥類	哺乳類

［ ウ ］

解説 **3** 魚類の中から両生類が進化し、両生類からは虫類と哺乳類が進化した。鳥類は、は虫類から進化したとされる。

45 自然界のネットワークを考えよう！

本文 113 ページ

1 □にあてはまる語句を書きましょう。

(1) ある環境とそこにすむ生物を1つのまとまりとしてとらえたものを、 [生態系] という。

(2) 生物どうしの食べる・食べられるという関係のつながりを [食物連鎖] という。

(3) (2)が複数の生物間で網の目のようにからみ合ったものを [食物網] という。

2 右の図は、生態系における炭素の循環を模式的に表したもので、A〜Cはそれぞれ草食動物、肉食動物、菌類・細菌類のいずれかです。次の問いに答えましょう。　［愛媛県］

(1) 草食動物や肉食動物は、生態系におけるはたらきから、生産者や分解者に対して、□者とよばれる。□にあてはまる適切な語句を書きましょう。

[消費]

(2) 次の文の①、②の｛ ｝から、適切なものを1つずつ選びましょう。

植物は、光合成によって①〔ア 有機物を無機物に分解する　イ 無機物から有機物をつくる〕。また、図のp、qの矢印のうち、光合成による炭素の流れを示すのは、②〔ウ pの矢印　エ qの矢印〕である。

① [イ]　② [ウ]

(3) 菌類・細菌類は、上の図のA〜Cのどれにあたりますか。A〜Cの記号で書きましょう。また、カビは、菌類と細菌類のうち、どちらにふくまれますか。

菌類・細菌類 [A]　カビ [菌類]

解説 **2** 植物、B、Cからの矢印が向かうAは菌類・細菌類、植物からの矢印が向かうBは草食動物、Bからの矢印が向かうCは肉食動物である。

---

46 地層のでき方と岩石の種類を知ろう！

本文 119 ページ

1 □にあてはまる語句を書きましょう。

(1) 気温の変化や風雨のはたらきによって、岩石が表面からくずれていくことを [風化] という。

(2) 地層ができた時代を推定できる化石を [示準化石] という。

2 堆積岩を観察して調べました。次の問いに答えましょう。　［岐阜県］

(1) 次の ① 、 ② にあてはまる語句の正しい組み合わせを、あとのア〜カから1つ選びましょう。

砂、泥、れきは、粒の大きさで分類されている。そのうち、粒の大きさが最も大きいものを ① といい、最も小さいものを ② という。

ア ① 砂　② 泥　イ ① 泥　② 砂
ウ ① れき　② 砂　エ ① 砂　② れき
オ ① 泥　② れき　カ ① れき　② 泥

[カ]

(2) 堆積岩について、正しく述べている文はどれですか。次のア〜エから適切なものを1つ選びましょう。

ア 堆積岩はマグマが冷えて固まった岩石である。
イ 凝灰岩にうすい塩酸をかけると、とけて気体が発生する。
ウ 石灰岩は火山灰が固まった岩石である。
エ チャートは鉄のハンマーでたたくと鉄がけずれて火花が出るほどかたい。

[エ]

3 化石について調べたところ、示相化石とよばれる化石があることを知りました。示相化石からはどのようなことが推定できますか。　［宮崎県］

[（例）地層ができた当時の環境を推定することができる。]

解説 **2** (2) アは堆積岩ではなく火成岩、イは凝灰岩ではなく石灰岩、ウは石灰岩ではなく凝灰岩の内容である。

---

47 地層からどんなことがわかる？

本文 121 ページ

1 □にあてはまる語句を書きましょう。

(1) 地層の重なりを柱状に表したものを [柱状図] という。

(2) 離れた地層を比べるときに利用する層を [鍵層] という。

2 右の図は、地点A、B、C、Dでのボーリング試料を用いて作成した柱状図です。各地点で見られる凝灰岩の層は同一のものです。次の問いに答えましょう。　［茨城県］

(1) 右の図のア、イ、ウ、エ、オの砂岩の地層のうち、堆積した時代が最も新しいものはどれですか。図のア〜オから適切なものを1つ選びましょう。

[オ]

(2) 地点Aでは、凝灰岩の層の下に、砂岩、泥岩、砂岩の層が下から順に重なっている。これらは、地点Aが海底にあったとき、川の水によって運ばれた土砂が長い間に堆積してできたものであると考えられる。凝灰岩の層よりも下の層のようすをもとにして、地点Aに起きたと考えられる変化として、適切なものを、次のア〜エから1つ選びましょう。

ア 地点Aから海岸までの距離がしだいに短くなった。
イ 地点Aから海岸までの距離がしだいに長くなった。
ウ 地点Aから海岸までの距離がしだいに短くなり、その後しだいに長くなった。
エ 地点Aから海岸までの距離がしだいに長くなり、その後しだいに短くなった。

[エ]

解説 **2** (2) 粒の小さいものほど遠くまで運搬される。砂よりも泥のほうが海岸から遠い場所に堆積する。

---

48 火山でできる岩石の特徴は？

本文 123 ページ

1 (1)・(3)は正しいものを○で囲み、(2)はあてはまる語句を書きましょう。

(1) ねばりけが弱いマグマからできた火成岩は（ 白っぽい ・(黒っぽい) ）。

(2) 火成岩は、斑状組織をもつ [火山岩] と等粒状組織をもつ [深成岩] に分けられる。

(3) 火山岩は、マグマが（(地表や地表近く) ・ 地下深く ）で、（(急に) ・ ゆっくり ）冷やされてできる。

2 火山に関する次の問いに答えましょう。　［愛媛県・改］

[観察] 火成岩A、Bをルーペで観察したところ、岩石のつくりに、異なる特徴が確認できた。右の図は、そのスケッチである。ただし、火成岩A、Bは花こう岩、安山岩のいずれかである。

(1) 図の火成岩Aでは、石基の間に斑晶が散らばっているようすが見られました。このような岩石のつくりは□組織とよばれます。□にあてはまる適切な語句を書きましょう。

[斑状]

(2) 次の文中の（ ）の中から適切なものを選び、○で囲みましょう。

・火成岩A、Bのうち、花こう岩は（ 火成岩A ・(火成岩B) ）である。また、地表で見られる花こう岩は、（ 流れ出たマグマが、そのまま地表で冷えて固まったもの ・(地下深くでマグマが冷えて固まり、その後、地表に現れたもの) ）である。

・一般に、激しく爆発的な噴火をした火山のマグマのねばりけは（(強く) ・ 弱く ）、そのマグマから形成される火山灰や岩石の色は（(白っぽい) ・ 黒っぽい ）。

解説 **2** (2) 花こう岩は地下深くでマグマがゆっくり冷やされてできた深成岩で、等粒状組織をもつ。

---

49 地震はどうやって伝わるの？

本文125ページ

1 地震について、正しいものを○で囲みましょう。

(1) 地震が発生した場所を（ 震源 ・震央 ）、その真上の地表の地点を（ 震源 ・震央 ）という。

(2) 地震のゆれの大きさは（ 震度 ・マグニチュード ）、地震そのものの規模は（ 震度・マグニチュード ）で表される。

2 右の表は、日本のある地域で発生した地震について、地点a〜dそれぞれにおける震源からの距離と、初期微動が始まった時刻および主要動が始まった時刻をまとめたものです。次の問いに答えましょう。ただし、初期微動を伝える波、主要動を伝える波の速さはそれぞれ一定であるものとします。　[山梨県]

地点	震源からの距離	初期微動が始まった時刻	主要動が始まった時刻
a	36 km	6時56分58秒	6時57分01秒
b	48 km	6時57分00秒	6時57分04秒
c	84 km	6時57分06秒	6時57分13秒
d	144 km	6時57分16秒	6時57分28秒

(1) ① 、 ② に適切な語句、 ③ に適切な数字を書きましょう。

初期微動を伝える波を ① といい、主要動を伝える波を ② という。また、地点cでは、初期微動は ③ 秒間続いたといえる。

① 〔 P波 〕 ② 〔 S波 〕 ③ 〔 7 〕

③ 地点cでは、初期微動が13s−6s＝7s続いた。

(2) この地震が発生した時刻は何時何分何秒ですか。

〔 6時56分52秒 〕

3 緊急地震速報について説明したものとなるように、次の文の（ ）の中で正しいものを○で囲みましょう。　[山口県・改]

地震発生後、地震計で感知した（ P波 ・S波 ）を直ちに解析することで、各地の（ 初期微動 ・主要動 ）の到達時刻やゆれの大きさを予測し、伝えるしくみである。

解説 **2** (2) P波の速さは、$\frac{144\ km−84\ km}{16\ s−6\ s}=6\ km/s$

$\frac{36\ km}{6\ km/s}=6\ s$より、6時56分58秒の6秒前。

50 天気はどうやって決まるの？

本文127ページ

1 ☐ にあてはまる語句を書きましょう。

雲量が0〜1のときを 快晴 、2〜8のときを 晴れ 、9〜10を くもり とする。

2 岩見沢市における4月7日9時の気象情報を調べたところ、天気はくもり、風向は南、風力は4でした。岩見沢市における4月7日9時の、天気、風向、風力を、天気図記号で、右の図にかきましょう。　[静岡県]

3 右の図のように、直方体のレンガを表面が水平な板の上に置きました。レンガのAの面を下にして置いたときの板がレンガによって受ける圧力は、レンガのBの面を下にして置いたときの板がレンガによって受ける圧力の何倍になりますか。　[静岡県]

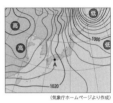

Aの面積は、6 cm×4 cm＝24 cm²
Bの面積は、6 cm×10 cm＝60 cm²
圧力は面積に反比例するので、$\frac{60\ cm^2}{24\ cm^2}=2.5$

〔 2.5 倍 〕

4 右の図は、ある日の日本付近の天気図です。地点A（図中の●地点）の気圧は何hPaですか。　[佐賀県]

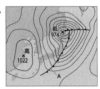

〔 1024 hPa 〕

（気象庁ホームページより作成）

解説 **3** 圧力＝力の大きさ÷力がはたらく面積

4 1020 hPaの等圧線よりも1本高気圧寄りにある。

51 雲はどうやってできるの？

本文129ページ

1 次の問いに答えましょう。(4)は（ ）の中の正しいものを○で囲みましょう。

(1) 空気1 m³中にふくむことのできる水蒸気の最大量を何といいますか。

〔 飽和水蒸気量 〕

(2) ふくまれる水蒸気が凝結し始めるときの温度を何といいますか。

〔 露点 〕

(3) 気温が26℃で、空気1 m³中に水蒸気が12.2 gふくまれているときの湿度を求めましょう。ただし、26℃のときの飽和水蒸気量は24.4 g/m³です。

$\frac{12.2\ g/m^3}{24.4\ g/m^3}×100=50$より、50%

〔 50% 〕

(4) 上空ほど気圧が（ 高い ・低い ）ので、上昇した空気は（ 圧縮 ・膨張 ）して温度が（ 上がる ・下がる ）。(2)の温度以下になると、空気中の水蒸気の一部が水滴になり、雲ができる。

2 右の図は気温と飽和水蒸気量の関係を表したグラフです。ある地点の気温が15℃、湿度が40%であったとき、グラフから考えて、この地点の空気の露点として適切なものを、次のア〜エから1つ選びましょう。　[京都府・改]

ア 約1℃　イ 約6℃
ウ 約13℃　エ 約18℃

グラフより、15℃のときの飽和水蒸気量は13 g/m³なので、空気1 m³中にふくまれる水蒸気量は、13 g/m³×$\frac{40}{100}$
＝5.2 g/m³　飽和水蒸気量がおよそ5.2 g/m³となるのは、グラフより、約1℃である。

〔 ア 〕

解説 **2** まず空気にふくまれる水蒸気量を求めて、それが飽和水蒸気量になるときの気温を、グラフで探す。

52 前線が通過すると天気はどう変わる？

本文131ページ

1 (1)はあてはまる語句を書き、(2)・(3)は正しいものを○で囲みましょう。

(1) 気温や湿度が一様な大気のかたまりを 気団 という。

(2) 寒冷前線が通過すると（ 北 ・南 ）寄りの風がふく。

(3) 温暖前線が通過すると（ 北 ・南 ）寄りの風がふく。

2 右の図は、春分の日の正午ごろの天気図です。この日は、低気圧にともなう前線の影響で、大阪は広い範囲で雲が広がりました。図中のAで示された南西方向にのびる前線は、何とよばれる線ですか。　[大阪府]

〔 寒冷前線 〕

低気圧の中心から西側に寒冷前線、東側に温暖前線ができることが多い。

3 前線と天気の変化について、次の問いに答えましょう。　[兵庫県・改]

(1) 寒冷前線について説明した次の文の（ ）の中で正しいものを○で囲みましょう。

寒冷前線付近では、（ 寒気 ・暖気 ）は（ 寒気 ・暖気 ）の下にもぐりこみ、（ 寒気 ・暖気 ）が急激に上空高くに押し上げられるため、強い上昇気流が生じて、（ 積乱雲 ・乱層雲 ）が発達する。

(2) 温暖前線の通過にともなう天気の変化として適切なものを、次のア〜エから1つ選びましょう。

ア 雨がせまい範囲に短時間降り、前線の通過後は気温が上がる。
イ 雨がせまい範囲に短時間降り、前線の通過後は気温が下がる。
ウ 雨が広い範囲に長時間降り、前線の通過後は気温が上がる。
エ 雨が広い範囲に長時間降り、前線の通過後は気温が下がる。

温暖前線通過後は、暖気におおわれるので、気温が上がる。〔 ウ 〕

解説 **3** (2) 温暖前線は前線面の傾きがゆるやかで、広い範囲にわたって乱層雲などの雲ができる。

53 いろいろな大気の動きを知ろう！

1 (1)・(2)は正しいものを〇で囲み、(3)・(4)はあてはまる語句を書きましょう。

(1) 陸は海よりもあたたまり（ **やすく** ・ にくく ）、
冷め（ **やすい** ・ にくい ）。

(2) 晴れた日の夜間は、陸上の気温が海上の気温よりも（ 高く ・ **低く** ）なるため、陸上に（ 上昇 ・ **下降** ）気流が生じ、（ **陸** ・ 海 ）から（ 陸 ・ **海** ）に向かう風がふく。

(3) 冬には、大陸にできる **シベリア** 高気圧から太平洋の低気圧に向かって季節風がふく。

(4) 夏には、太平洋にできる **太平洋** 高気圧から大陸の低気圧に向かって季節風がふく。

2 海風と陸風について、右の図を用いて説明した文として適切なものを、次のア〜エから1つ選びましょう。 ［長崎県］

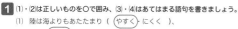

ア 陸は海よりあたたまりやすいため、昼はXの向きに海風がふく。

イ 陸は海よりあたたまりやすいため、昼はYの向きに海風がふく。

ウ 海は陸よりあたたまりやすいため、昼はXの向きに海風がふく。

エ 海は陸よりあたたまりやすいため、昼はYの向きに海風がふく。

〔 **ア** 〕

3 温帯低気圧が西から東へ移動することが多いのは、上空を西寄りの風がふいているからです。このように、中緯度帯に1年中ふく西寄りの風を何といいますか。 ［山口県］

〔 **偏西風** 〕

解説 **2** 海から陸に向かう風を海風、陸から海に向かう風を陸風という。

54 日本の天気にはどんな特徴があるの？

1 □ にあてはまる語句を書きましょう。

(1) 冬には、 **シベリア** 気団が発達する。

(2) 春には、偏西風の影響を受けて、日本付近を低気圧と **移動性高気圧** が交互に通過する。

(3) 6月ごろになると、日本付近で **オホーツク海** 気団と小笠原気団がぶつかり、2つの気団の間に **停滞** 前線（梅雨前線）ができる。

2 次の文章は、日本の天気の特徴について説明したものです。あとの問いに答えましょう。 ［岡山県］

冬になるとある高気圧が発達して、 ① の冬型の気圧配置になり、冷たく乾燥した季節風がふく。乾燥していた大気は、温度の比較的高い海水からの水蒸気をふくんで湿る。湿った大気が、日本の中央部の山脈などにぶつかって上昇気流を生じ、 ② 側に大雪をもたらす。

(1) 下線部の発達によって形成される気団を、右の図のX〜Zから1つ選びましょう。

〔 **X** 〕

(2) ① と ② にあてはまる語句の組み合わせとして適切なものを、次のア〜エから1つ選びましょう。

ア ① 南高北低 ② 太平洋　　イ ① 南高北低 ② 日本海

ウ ① 西高東低 ② 太平洋　　エ ① 西高東低 ② 日本海

〔 **エ** 〕

解説 **2**(1) Xはシベリア気団、Yはオホーツク海気団、Zは小笠原気団である。

55 太陽や星の1日の動き

1 □ にあてはまる語句を書きましょう。

太陽や星の日周運動は、地球の **自転** による見かけの動きである。星は、1時間に約 **15** °回転して見える。

2 透明半球と同じ大きさの円をかき、その円の中心で直交する2本の線を引き、方位磁針で東西南北を合わせ、水平な場所に置きました。右の図は、ある日の太陽の位置を一定時間ごとに透明半球上にサインペンを用いて・印で記録し、これらの点を滑らかな線で結び、さらに線両端を延長して太陽の動いた道すじをかいたものです。また、図中の点Aは、太陽が最も高い位置にきたときの記録です。これについて、次の問いに答えましょう。 ［高知県］

(1) 透明半球上に太陽の位置を記録するとき、サインペンの先端の影を白い紙の上のどこに重ねるべきですか。

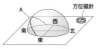

〔（例）円の中心〕

(2) 点Aのときの太陽の高度のことを何といいますか。〔 **南中高度** 〕

3 右の図のように、ある日の午後9時に、カシオペヤ座がXの位置に見えました。この日に、カシオペヤ座がYの位置に見えるのは何時ですか。次のア〜エから1つ選びましょう。 ［岩手県］

ア 午後7時　　イ 午後8時

ウ 午後10時　　エ 午後11時

〔 **エ** 〕

解説 **3** X→Yと動くのに1時間×$\frac{30°}{15°}$＝2時間かかる。

56 太陽や星の1年の動き

1 □ にあてはまる語句を書きましょう。

(1) 同じ星座を同じ時刻に観察すると、1か月で約 **30** °ずつ西へ動いて見える。

(2) 同じ位置に星座が見える時刻は、1か月に約 **2** 時間早くなる。

2 右の図は、太陽と地球および黄道付近にある星座の位置関係を模式的に示したもので、A〜Dは、春分、夏至、秋分、冬至のいずれかのときの地球の位置を表しています。これについて、次の問いに答えましょう。 ［富山県］

(1) 図において、夏至の日の地球の位置を表しているのはA〜Dのどれですか。Aは夏至、Bは秋分、Cは冬至、Dは春分の地球の位置である。

〔 **A** 〕

(2) 図において、地球がCの位置にある日の日没直後に東の空に見える星座はどれですか。次のア〜エから1つ選びましょう。

ア しし座　　イ さそり座　　ウ みずがめ座　　エ おうし座

真夜中に南の空に見えるおうし座が、日没直後に東の空に見える。

〔 **エ** 〕

(3) ある日の午前0時に、しし座が真南の空に見えました。この日から30日後、同じ場所で、同じ時刻に観察するとき、しし座はどのように見えますか。次のア〜エから適切なものを1つ選びましょう。

ア 30日前よりも東寄りに見える。

イ 真南に見え、30日前よりも天頂寄りに見える。

ウ 30日前よりも西寄りに見える。

エ 真南に見え、30日前よりも地平線寄りに見える。

〔 **ウ** 〕

解説 **2**(3) 同じ時刻に見える位置は1か月に約30°ずつ西寄りになる。

57 月の見え方が変わるのはなぜ？

本文
143
ページ

1 (1)は正しいものを○で囲み、(2)・(3)はあてはまる語句を書きましょう。

(1) 月は地球のまわりを、北極側から見て（ 時計 ・反計 ）回りに公転する。

(2) 月によって太陽がかくされる現象を 日食 という。

(3) 月が地球の影に入る現象を 月食 という。

2 コンピュータのアプリを用いて、次の①、②を順に行い、天体の見え方を調べました。あとの問いに答えましょう。なお、このアプリは、日時を設定すると、日本のある特定の地点から観測できる天体の位置や見え方を確認することができます。 ［栃木県］

［調査］① 日時を「2023年3月29日22時」に設定すると、西の方角に図1のような上弦の月が確認できた。

② ①の設定から日時を少しずつ進めていくと、ある日時の西の方角に満月を確認することができた。

図1

(1) 月のように、惑星のまわりを公転している天体を何といいますか。
〔 衛星 〕

(2) 図2は、北極側から見た地球と月の、太陽の光の当たり方を模式的に示したものです。調査の②において、日時を進めて最初に満月になる日は、次のア～エのどれですか。また、この満月が西の方角に確認できる時間帯は「夕方」、「真夜中」、「明け方」のどれですか。

図2

ア 4月6日　イ 4月13日　ウ 4月20日　エ 4月27日

記号〔 ア 〕 時間帯〔 明け方 〕

解説 **2**(2) 満月から満月まで約29.5日なので、上弦の月から満月までは約7.4日。

---

58 金星の見え方はどう変化する？

本文
145
ページ

1 □にあてはまる語句を書きましょう。

太陽のまわりは8個の 惑星 があり、同じ向きに公転している。

2 三重県のある場所で、3月1日のある時刻に、天体望遠鏡で金星の観測を行ったところ、ある方位の空に金星が見えました。右の図は、このときの、太陽、金星、地球の位置関係を模式的に示したものです。これについて、次の問いに答えましょう。 ［三重県］

(1) 3月1日に観測した金星は、いつごろどの方位の空に見えましたか、次のア～エから適切なものを1つ選びましょう。
ア 明け方、東の空　イ 明け方、西の空
ウ 夕方、東の空　エ 夕方、西の空
〔 ア 〕

(2) 地球から金星は真夜中には見えません。地球から金星が真夜中には見えないのはなぜですか、その理由を「金星は」に続けて、「公転」という語句を使って、簡潔に書きましょう。
〔 （例）（金星は）地球より内側を公転しているから。 〕

3 地球型惑星の特徴として適切なものを、次のア～エから1つ選びましょう。 ［岐阜県］

ア おもに気体からできており、木星型惑星より大型で密度が小さい。
イ おもに気体からできており、木星型惑星より小型で密度が小さい。
ウ おもに岩石からできており、木星型惑星より大型で密度が大きい。
エ おもに岩石からできており、木星型惑星より小型で密度が大きい。

木星型惑星はおもに気体からできていて、地球型惑星より大型で密度が小さい。
〔 エ 〕

解説 **2** 金星は、明け方の東の空か、夕方の西の空でしか観察できない。

---

59 宇宙の広がりを知ろう！

本文
147
ページ

1 □にあてはまる語句を書きましょう。

(1) 太陽の表面には 黒点 とよばれる黒く見える部分がある。

(2) 太陽のように、自ら光を放つ天体を 恒星 という。

(3) 太陽とそのまわりを公転している天体の集まりを 太陽系 という。

2 右の図は、天体望遠鏡に遮光板と太陽投影板を固定して、10月23日と27日の午後1時に、太陽の表面にある黒点のようすを観察したものです。これについて、次の問いに答えましょう。 ［高知県］

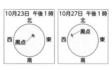

10月23日 午後1時
10月27日 午後1時

(1) 図のように、黒点の位置が西の方へ移動していた理由として適切なものを、次のア～エから1つ選びましょう。
ア 地球が自転しているから。　イ 地球が公転しているから。
ウ 太陽が自転しているから。　エ 太陽が公転しているから。
〔 ウ 〕

(2) 黒点が黒く見えるのはなぜですか、その理由を簡潔に書きましょう。
〔 （例）まわりに比べて温度が低いから。 〕

3 宇宙には、太陽のような天体が数億個から数千億個集まってできた集団が多数存在します。それらの集団のうち、太陽が所属している、渦を巻いた円盤状の形をした集団を何といいますか。［長崎県］
〔 銀河系 〕

解説 **2**(2) 黒点の温度は約4000℃であり、まわりの温度（約6000℃）よりも低い。

実戦テスト ❶ (本文30〜31ページ)

1

(1)
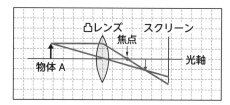

(2) ア

ポイント

(1) 物体Aの先端から出て凸レンズの中心を通る光の道すじをかくと、スクリーンとの交点が物体Aの実像の先端になる。

(2) わからないときは、実際に作図してみよう。

（作図：凸レンズ、スクリーン、焦点、物体A、光軸の図）

2

(1) 500 Hz
(2) ウ

ポイント

(1) 1回の振動にかかる時間は0.001 s×2＝0.002 sより、振動数は、1÷0.002 s＝500 Hz

(2) 振動数が同じで、振幅が小さいものをさがす。

3

(1) 1.5 m/s　　(2) 等速直線運動
(3) エ

ポイント

(1) 4回点滅するのに0.5秒かかるので、75 cm÷0.5 s＝150 cm/s＝1.5 m/s

4

(1) 7.2 秒
(2) 60 cm

ポイント

(1) 36 cm÷5.0 cm/s＝7.2 s

(2) 1.5 kg＝1500 gの物体にはたらく重力の大きさは15 N。仕事の大きさは、15 N×0.36 m＝5.4 J　仕事の原理より、引いた糸の長さは5.4 J÷4.5 N＝1.2 m＝120 cm、滑車Aが動滑車なので、台車の移動距離は120 cmの半分。

実戦テスト ❷ (本文44〜45ページ)

1

(1) 7.5 Ω　(2) a・b…イ　c…0.675
(3) 162 J

ポイント

(1) 800 mA＝0.8 Aで、オームの法則より、6 V÷0.8 A＝7.5 Ω

(2) 600 mA＝0.6 Aより電熱線Pの抵抗は6 V÷0.6 A＝10 Ω　800 mA－600 mA＝200 mA＝0.2 Aより電熱線Qの抵抗は6 V÷0.2 A＝30 Ω　①の回路では電圧は一定なので、流れる電流が大きい電熱線Pの消費電力が大きい。②の回路では電流は一定なので、加わる電圧が大きい電熱線Qの消費電力が大きい。図2で回路に流れる電流は6 V÷（10 Ω＋30 Ω）＝0.15 A
電力〔W〕＝電圧〔V〕×電流〔A〕で、オームの法則より、電力〔W〕＝（抵抗〔Ω〕×電流〔A〕）×電流〔A〕と表される。よって、電熱線Qの消費電力は、30 Ω×0.15 A×0.15 A＝0.675 W

(3) 6 V×0.15 A×3×60 s＝162 J

2

(1) 真空放電
(2) ウ

ポイント

(2) 電流のもととなる粒子は電子である。電子は－極から＋極へ向かうが、電流の向きは＋極から－極へ向かう向きと決められている。

3

ア

ポイント

同じ種類の電気の間にはしりぞけ合う力、異なる種類の電気の間には引き合う力がはたらく。

4

(1) ウ
(2) エ

ポイント

(1) コイルにはたらく力の向きは逆向きになる。

(2) ア、イでは力の大きさが小さくなる。ウでは力の向きは変わるが、大きさは変わらない。

1
(1) 融点　(2) ア、イ

ポイント

(2) 融点が20℃より高いものをさがす。

2
(1) ウ　(2) c、d
(3) NH_3

ポイント

(2) aでは酸素、bでは水素が発生する。dは酸化銅を炭素で還元する操作で、二酸化炭素が発生する。

(3) 気体Aはアンモニア（NH_3）である。

3
(1) 40 g　(2) 50 g
(3) 再結晶　(4) 28%
(5) （例）物質Bは温度による溶解度の変化が小さいから。

ポイント

(1) 80℃における物質Aの溶解度は170 gなので、80℃の水200 gには、$170 \text{ g} \times \dfrac{200 \text{ g}}{100 \text{ g}} = 340 \text{ g}$の物質Aがとけるので、あと340 g−300 g＝40 gの物質Aをとかすことができる。

(2) ④の水溶液にとけている物質Aは、300 g−228 g＝72 g　④の水溶液の溶媒の質量をxとすると、30℃における物質Aの溶解度は48 gなので、100 g：x＝48 g：72 g　x＝150 g　蒸発した水は200 g−150 g＝50 g

(4) 飽和水溶液なので、質量パーセント濃度は100 gの水に39 gの物質Bをとかしたときと同じになる。よって、$\dfrac{39 \text{ g}}{39 \text{ g}+100 \text{ g}} \times 100 = 28.0\cdots$より、28%

4
① ア　② ウ
③ ウ

ポイント

液体から気体になると、物質をつくっている粒子の運動は激しくなり、粒子どうしの間隔は広がるために体積は大きくなる。

1
(1) イ
(2) H_2

ポイント

(1) 鉄（Fe）と硫黄（S）は、次のように1：1の割合で結びついて硫化鉄（FeS）ができる。

$Fe + S \rightarrow FeS$

(2) 試験管Cで発生した特有のにおいのある気体は硫化水素（H_2S）。試験管Dでは、混合物中の鉄とうすい塩酸が反応して水素（H_2）が発生する。

2
(1) ウ、オ
(2) エ

ポイント

(1) 原子は、陽子と電子の数が等しいため、電気を帯びていない。よって、陽子の数と電子の数がちがうものを選ぶ。ウは陰イオン、オは陽イオン。

(2) 同じ元素でも中性子の数の異なる原子どうしを同位体という。よって、アは陽子が1個、中性子が1個なので、陽子の数が1個で中性子の数が0個のエが同位体である。

3
(1) ウ
(2) ① 亜鉛　② 銅　③ 亜鉛

ポイント

(1) 試験管Aでは、水溶液の青色がうすくなったので、銅イオンが減少していることがわかる。よって、銅イオンが銅原子となって金属片に付着している。

(2) 亜鉛原子は電子を2個失って亜鉛イオンとなり、銅イオンは電子を2個受けとって銅原子になる。

4
(1) OH^-
(2) ① 赤　② 陰

ポイント

(2) pH試験紙は、酸性で赤色、中性で緑色、アルカリ性で青色に変化する。酸性を示すイオンは陽イオンの水素イオンなので、赤色の部分が陰極に広がっていく。

1
(1) あ ウ　い イ
(2) エ

ポイント

(1) **あ** シダ植物と種子植物は葉、茎、根の区別があるが、コケ植物にはない。　**い** シダ植物は胞子をつくるが、種子植物は種子をつくる。
(2) 葉脈が網状脈で、主根と側根からなる根をもつのは双子葉類である。

2
(1) 胎生
(2) トカゲ、ハト
(3) ① えら　② 肺

ポイント

(2) 魚類と両生類は水中に殻のない卵を産み、は虫類と鳥類は陸上に殻のある卵を産む。
(3) 両生類の子は水中で生活し、えらと皮膚で呼吸するが、親は陸上で生活し、肺と皮膚で呼吸する。

3
(1) ① 接眼レンズ：10倍
　　　　対物レンズ：40倍
　　② ウ
(2) ア

ポイント

(1) ① 顕微鏡の倍率＝接眼レンズの倍率×対物レンズの倍率なので、積が400になる組み合わせをさがす。10×40＝400倍
　② 気孔（ウ）は孔辺細胞（イ）に囲まれたすきまである。
(2) 根から吸い上げられた水は、気孔から気体の水蒸気になって出る。

4
(1) 図1 b　図2 c
(2) 維管束

ポイント

(1) 茎では、維管束の内側に道管、維管束の外側に師管がある。葉では、葉の維管束の表側に道管、裏側に師管がある。気孔は葉の裏側に多いので、**図2**では、葉の上が表側、下が裏側である。

1
(1) Ⅰ A、C　Ⅱ B、D
(2) ア
(3) ① 柔毛　② ア　③ エ

ポイント

(1) ヨウ素液はデンプン、ベネジクト液は麦芽糖などの検出に使われる。
　Ⅰ ヨウ素液を加えても、だ液を加えた試験管Aでは変化しないが、水を加えた試験管Cでは青紫色に変化したので、だ液のはたらきでデンプンが確認できなくなったことがわかる。
　Ⅱ ベネジクト液を加えて加熱すると、だ液を加えた試験管Bでは赤褐色になったが、水を加えた試験管Dでは変化しなかったので、だ液のはたらきで麦芽糖などが確認できるようになったことがわかる。
(2) トリプシン、ペプシンはタンパク質の消化酵素、リパーゼは脂肪の消化酵素である。
(3) 胆汁は肝臓でつくられ、胆のうに一時的にたくわえられる。

2
(1) (a、) f、d、e、c、b
(2) イ

ポイント

(1) 染色体が見えるようになる（f）→染色体が中央に集まる（d）→染色体が両端に移動する（e）→中央に仕切りができる（c）→2つの細胞になる（b）
(2) ア 体細胞分裂は根の先端付近で観察できる。
　ウ 分裂直後の細胞は分裂前の細胞より小さい。
　エ 染色体の数は体細胞分裂の前後で変わらない。

3
(1) エ
(2) カ

ポイント

(1) 花粉管の中の精細胞と胚珠（エ）の中の卵細胞が受精して種子になる。
(2) 花弁やがく、胚の細胞は体細胞なので、染色体の数は等しい。精細胞は生殖細胞なので、染色体の数は半分になる。

1 (1) ア　(2) 2時52分46秒

ポイント

(1) ある地点での地震によるゆれの程度を表すのは震度である。

(2) P波は、77 km−35 km＝42 km進むのに、2時52分57秒−2時52分51秒＝6秒かかるので、

P波の速さは、$\dfrac{42\ km}{6\ s}=7\ km/s$　$\dfrac{35\ km}{7\ km/s}=5\ s$

より、この地震の発生時刻は、2時52分51秒−5秒＝2時52分46秒

2 (1) イ
(2) ① 停滞（秋雨）　② 偏西風
③ シベリア

ポイント

(1) ◎はくもりの天気記号である。

(2) 日本列島の上空にふいている偏西風の影響で、移動性高気圧や低気圧はふつう西から東へ移動する。冬に発達する気団はシベリア気団である。

3 (1) 石基
(2) （例）長石などの無色鉱物の割合が多く、有色鉱物の割合が少ないため。
(3) イ

ポイント

(1) やや大きい鉱物を斑晶、粒を識別できない部分を石基という。

(2) 無色鉱物には、石英と長石がある。

(3) アは黒雲母、ウは磁鉄鉱、エはチャートであることを確かめる方法。

4 ① イ
② （例）水蒸気が水滴へと変化する

ポイント

空気が上昇すると、まわりの気圧が低くなるので、空気が膨張して空気の温度が下がり、露点以下になると水蒸気の一部が水滴へと変化して雲ができる。

1 (1) 恒星
(2) ① エ　② カ

ポイント

(2) ① 北の空の星は、同じ時刻に見ると1か月に約30°反時計回りに動いて見えるので、3か月後には30°×3＝90°反時計回りに動いて見える。

② 北の空の星は1時間に約15°反時計回りに動いて見えるので、4時間後には15°×4＝60°反時計回りに動いて見える。

2 (1) B、C、A
(2) ウ

ポイント

(1) Aのおうし座は午後9時には西の方へ移動して見える。同じ時刻に見える星座の位置は日ごとに東から西へ動いていくので、観察した日がいちばん早いのはBで、最も遅いのはAになる。

(2) 2か月で、地球は360°×$\dfrac{2\ か月}{12\ か月}$＝60°、金星は360°×$\dfrac{1\ 年}{0.62\ 年}$×$\dfrac{2\ か月}{12\ か月}$＝96.7…　より約97°公転する。よって、2か月前よりも地球と金星は近づくので、ア、イ、エの選択肢はない。

3 (1) ア　(2) ア

ポイント

(2) 冬至のときは、日の出の位置は真東より南寄りになり、日の入りの位置も真西より南寄りになる。

4 (1) 衛星
(2) ① A　② カ　③ ウ

ポイント

(2) ① 月の公転する向きは、北極側から見て反時計回りになる。

② 図2のアは上弦の月、ウは満月、オは下弦の月、キは新月である。図1の月は下弦の月と新月の間にある。

③ 太陽−地球−月の順に一直線に並ぶ。

20

模擬試験① <small>(本文152〜155ページ)</small>

1 (1) A
(2) 20 Ω
(3) 右の図
(4) 1215 J
(5) 69％
(6) ア、ウ

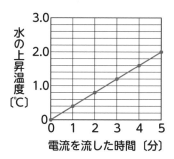

グラフ：縦軸「水の上昇温度〔℃〕」0〜3.0、横軸「電流を流した時間〔分〕」0〜5

解説(1) 電流計ははかりたい部分に直列につなぐ。また、電圧計ははかりたい区間に並列につなぐ。
(2) 500 mA の−端子につないでいるので、電流計の針は 450 mA = 0.45 A を示している。よって、電源の電圧は 9.0 V なので、電熱線の抵抗は、

$$抵抗〔Ω〕 = \frac{電圧〔V〕}{電流〔A〕} より、$$

$$\frac{9.0\ V}{0.45\ A} = 20\ Ω$$

(3) 電流を流した時間と水の上昇温度の関係は、下の表のようになる。

電流を流した時間〔分〕	0	1	2	3	4	5
水の上昇温度〔℃〕	0	0.4	0.8	1.2	1.6	2.0

(4) 発熱量〔J〕 = 電力〔W〕× 時間〔s〕 = 電圧〔V〕× 電流〔A〕× 時間〔s〕 より、

$$9.0\ V × 0.45\ A × (60 × 5)\ s = 1215\ J$$

(5) 水が得た熱量は、4.2 J/(g・℃) × 100 g × 2.0℃ = 840 J である。よって、5分間に電熱線から発生した熱量 1215 J のうち、水の温度を上げるのに使われた熱量の割合は、

$$\frac{840\ J}{1215\ J} × 100 = 69.1 \cdots より、69％ である。$$

2 (1) ア、オ
(2) 2.0 g
(3) ① Ba^{2+} ② OH^-
(4) エ

解説(1) 水酸化バリウム水溶液はアルカリ性。**イ**は非電解質の性質、**ウ**、**エ**は酸性の水溶液の性質

である。
(2) 溶質の質量〔g〕 = 水溶液の質量〔g〕× 質量パーセント濃度〔％〕÷ 100 より、

$$40\ g × \frac{5.0}{100} = 2.0\ g$$

(3) 水酸化バリウムはバリウムイオン（Ba^{2+}）と水酸化物イオン（OH^-）に電離している。
(4) うすい硫酸を 3.0 mL 加えるまでは、水素イオンと水酸化物イオンが結びついて水ができ、バリウムイオンと硫酸イオンが結びついて硫酸バリウムの沈殿ができるので、イオンの総数は減少していく。

　水溶液の色が緑色になったことから、うすい硫酸を 3.0 mL 加えたときに水溶液が中性になったことがわかる。このとき、水溶液中にはイオンが存在しない。

　うすい硫酸を 3.0 mL 以上加えても、加えた水素イオンと硫酸イオンがそのまま残る。よって、イオンの総数は増加していく。

3 (1) イ
(2) ア
(3) ウ
(4) **例** 光が当たること。

解説(1) **ア** 接眼レンズ、対物レンズの順にとりつける。
ウ 顕微鏡の倍率は、接眼レンズの倍率×対物レンズの倍率　である。
(2) **イ** ベネジクト液はブドウ糖や麦芽糖などの検出に使われる。
ウ 酢酸オルセイン液は核や染色体を赤紫色に染める。
エ 無色のフェノールフタレイン溶液をアルカリ性の水溶液に加えると、赤色になる。
(3) Aの試験管ではオオカナダモは光合成と呼吸を行っているが、光合成によって出入りする気体の量の方が多いので、全体として、二酸化炭素をとりこむことになる。
(4) 試験管Aとの違いは、アルミニウムはくの有無である。

4
(1) エ
(2) イ
(3) 10時10分00秒
(4) 津波（つなみ）
(5) 50秒後
(6) エ

解説 (1) 震度（しんど）はそれぞれの地点のゆれの大きさを表している。

(2) P波（ピーは）は 240 km − 160 km = 80 km の距離（きょり）を、10 時 10 分 30 秒 − 10 時 10 分 20 秒 = 10 秒で進んでいるので、P 波の速さは、

$$\frac{80 \text{ km}}{10 \text{ s}} = 8.0 \text{ km/s}$$

(3) P 波が震源（しんげん）から 32 km 離（はな）れた A 地点まで進むのに $\frac{32 \text{ km}}{8.0 \text{ km/s}} = 4 \text{ s}$ かかるので、地震（じしん）が発生した時刻は、10 時 10 分 04 秒 − 4 秒 = 10 時 10 分 00 秒

(4) 津波によって、海岸線での大規模な浸水（しんすい）が起こることがある。

(5) A 地点に P 波が到着してから 6 秒後に緊急（きんきゅう）地震速報（じしんそくほう）が出されたので、緊急地震速報が出された時刻は、10 時 10 分 04 秒 + 6 秒 = 10 時 10 分 10 秒　よって、C 地点では緊急地震速報が伝わってから、10 時 11 分 00 秒 − 10 時 10 分 10 秒 = 50 秒後に S 波（エスは）が到着した。

(6) 日本付近では、海洋プレートが大陸プレートの下に沈（しず）みこんでいる。

1
(1) ア
(2) 4740 Pa
(3) 鉄
(4) 0.60 N
(5) 0.828 J

解説 (1) ばねを引く力の大きさに比例するのは、「ばねののび」で「ばねの長さ」ではないことに注意する。オームの法則とは、「抵抗器（ていこうき）や電熱線（でんねつせん）に流れる電流（でんりゅう）は加わる電圧（でんあつ）に比例する」ことである。

(2) おもりにはたらく重力（じゅうりょく）の大きさは 4.74 N。おもりの底面積は 10 cm² = 0.001 m² で、

$$圧力〔Pa〕 = \frac{力の大きさ〔N〕}{力がはたらく面積〔m^2〕} より、$$

$$\frac{4.74 \text{ N}}{0.001 \text{ m}^2} = 4740 \text{ Pa}$$

(3) おもりの体積は、10 cm² × 6 cm = 60 cm³

$$密度（みつど）〔g/cm^3〕 = \frac{物質の質量〔g〕}{物質の体積〔cm^3〕} より、おもり$$

の密度は、$\frac{474 \text{ g}}{60 \text{ cm}^3} = 7.9 \text{ g/cm}^3$

表より、おもりは鉄でできているとわかる。

(4) 動滑車を使っているので、糸がおもりを引く力の大きさは、ばねばかりを引く力の大きさの 2 倍である。ばねばかりは 2.07 N を示したので、糸がおもりを引く力の大きさは、2.07 N × 2 = 4.14 N　おもりにはたらく重力の大きさは 4.74 N より、浮力（ふりょく）の大きさは、

4.74 N − 4.14 N = 0.60 N

(5) 仕事（しごと）の原理（げんり）より、手がした仕事の大きさは直接 4.14 N の力で 0.2 m 引き上げたときの仕事の大きさと等しくなる。仕事〔J〕= 力の大きさ〔N〕× 力の向きに動いた距離（きょり）〔m〕より、

4.14 N × 0.2 m = 0.828 J

（別解）

動滑車を使っているので、ひもを引く長さは、0.2 m × 2 = 0.4 m である。よって、手がした仕事の大きさは、2.07 N × 0.4 m = 0.828 J

2 (1) ウ

(2) ア

(3) $2Mg + O_2 → 2MgO$

(4) 1.0 g

(5) カ

解説 (1) **A**は空気調節ねじ、**B**はガス調節ねじである。どちらのねじも時計回りに回すとねじがしまり、反時計回りに回すとねじが開く。炎が赤色のときは、空気が不足しているので、**A**のねじだけを**a**の向きに回して開く。

(3) マグネシウム（Mg）を加熱すると、酸素（O_2）と結びついて酸化マグネシウム（MgO）ができる。矢印の左右で、原子の種類と数が同じになるようにする。

(4) 結びついた酸素の質量〔g〕＝酸化銅の質量〔g〕－銅の質量〔g〕 **図2**より、2.0 gの銅が酸化されて2.5 gの酸化銅ができるので、結びついた酸素の質量は、2.5 g－2.0 g＝0.5 g 5.0 gの酸化銅にふくまれる酸素の質量をxとすると、

5.0 g：x＝2.5 g：0.5 g x＝1.0 g

（別解）

金属の質量と酸化物の質量は比例するので、酸化銅の質量が2.5 gの2倍の5.0 gになると、銅の質量も2.0 gの2倍の4.0 gになる。よって、結びついた酸素の質量は、5.0 g－4.0 g＝1.0 g

(5) 1.5 gのマグネシウムが酸化されて2.5 gの酸化マグネシウムができるので、結びついた酸素の質量は、2.5 g－1.5 g＝1.0 g よって、マグネシウムの質量：結びついた酸素の質量＝1.5 g：1.0 g＝3：2

銅の質量：結びついた酸素の質量＝2.0 g：0.5 g＝4：1＝8：2

よって、同じ質量の酸素と結びつく、銅の粉末の質量とマグネシウムの粉末の質量の比は、銅：マグネシウム＝8：3となる。

3 (1) イ

(2) 胚珠

(3) 柱頭

(4) 顕性（の）形質

(5) イ

(6) イ

解説 (5) 生殖細胞がつくられるとき、減数分裂が行われるので、丸い種子をつくる純系（AA）の花粉の中の精細胞の遺伝子はA、しわのある種子をつくる純系（aa）の胚珠の中の卵細胞の遺伝子はaである。受精によって生じた受精卵の遺伝子の組み合わせはAaなので、子の遺伝子の組み合わせもAaとなる。

(6) 右の表のように考えると、孫の代の遺伝子の組み合わせは、AA：Aa：aa＝1：2：1となる。よって、子と同じAaという遺伝子の組み合わせをもつ種子は、

	A	a
A	AA	Aa
a	Aa	aa

$$1000 個 × \frac{2}{1+2+1} = 500 個$$

4 (1) イ

(2) H

(3) ウ

(4) ア

(5) カ

(6) ウ

解説 (1) 金星は地球の内側を公転しているので、日の出前の東の空か日没後の西の空で観察される。三日月は、夕方に西の空でのみ見られる。

(2) 月が**G**の位置にあるときは新月、**A**の位置にあるときは上弦の月になる。よって、三日月になるのは、月が**H**の位置にあるときである。

(3) 金星は右側がかがやいて見える。地球と金星を結んだ直線が金星の軌道の接線になっているとき、金星は半月のように見える。

(4) 6か月後、金星は、$360° × \dfrac{1 年}{0.62 年} × \dfrac{6 か月}{12 か月}$ ＝290.3…より、約290°公転している。

(5) (4)で計算した位置にある金星を、$360° × \dfrac{6 か月}{12 か月} = 180°$ 公転した位置の地球から見ると、右側が少し欠けた小さい形の金星が見える。

(6) 地球型惑星は表面が岩石でできていて、中心部は岩石よりも重い金属でできているので、平均密度が大きい。